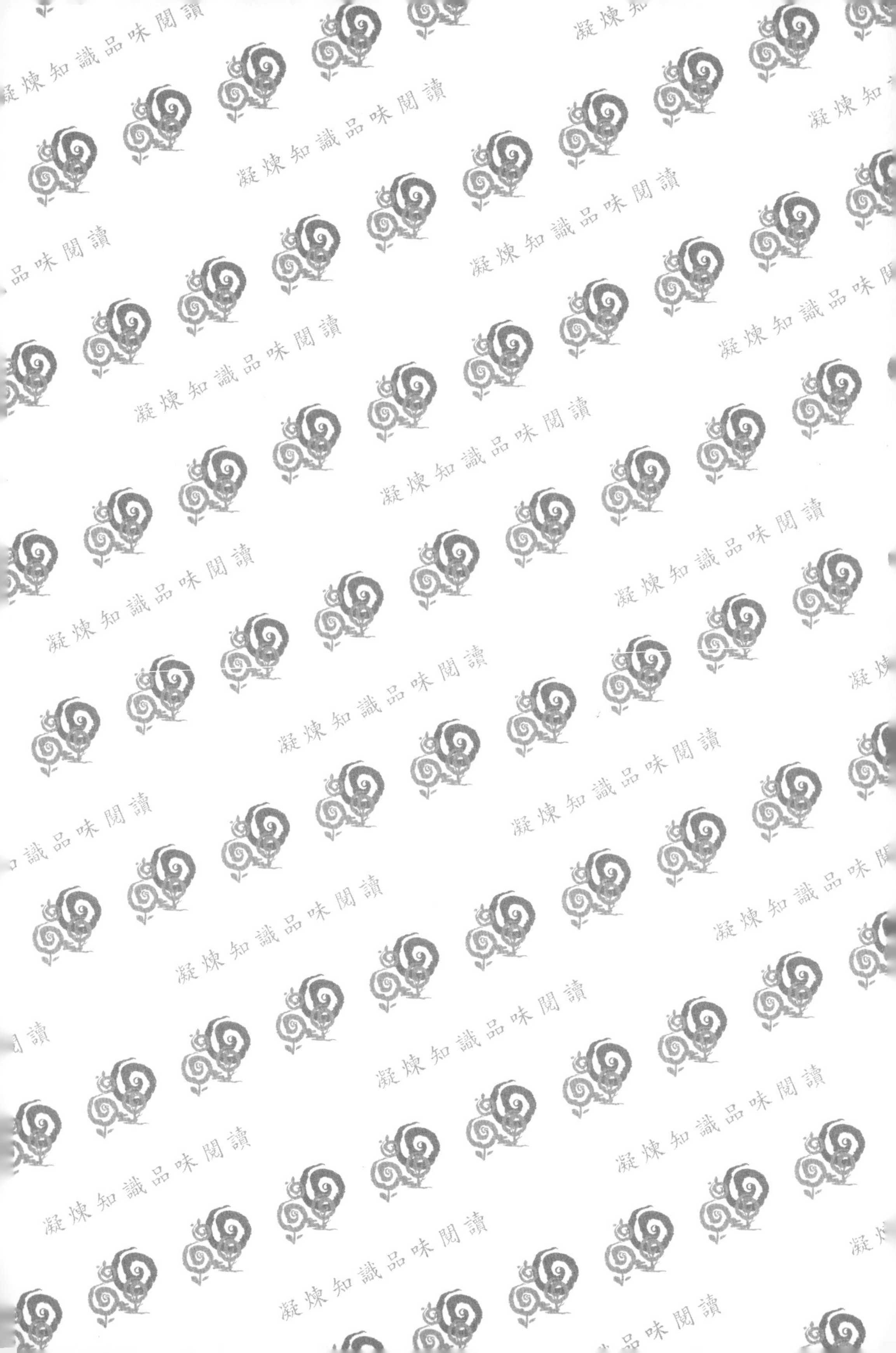

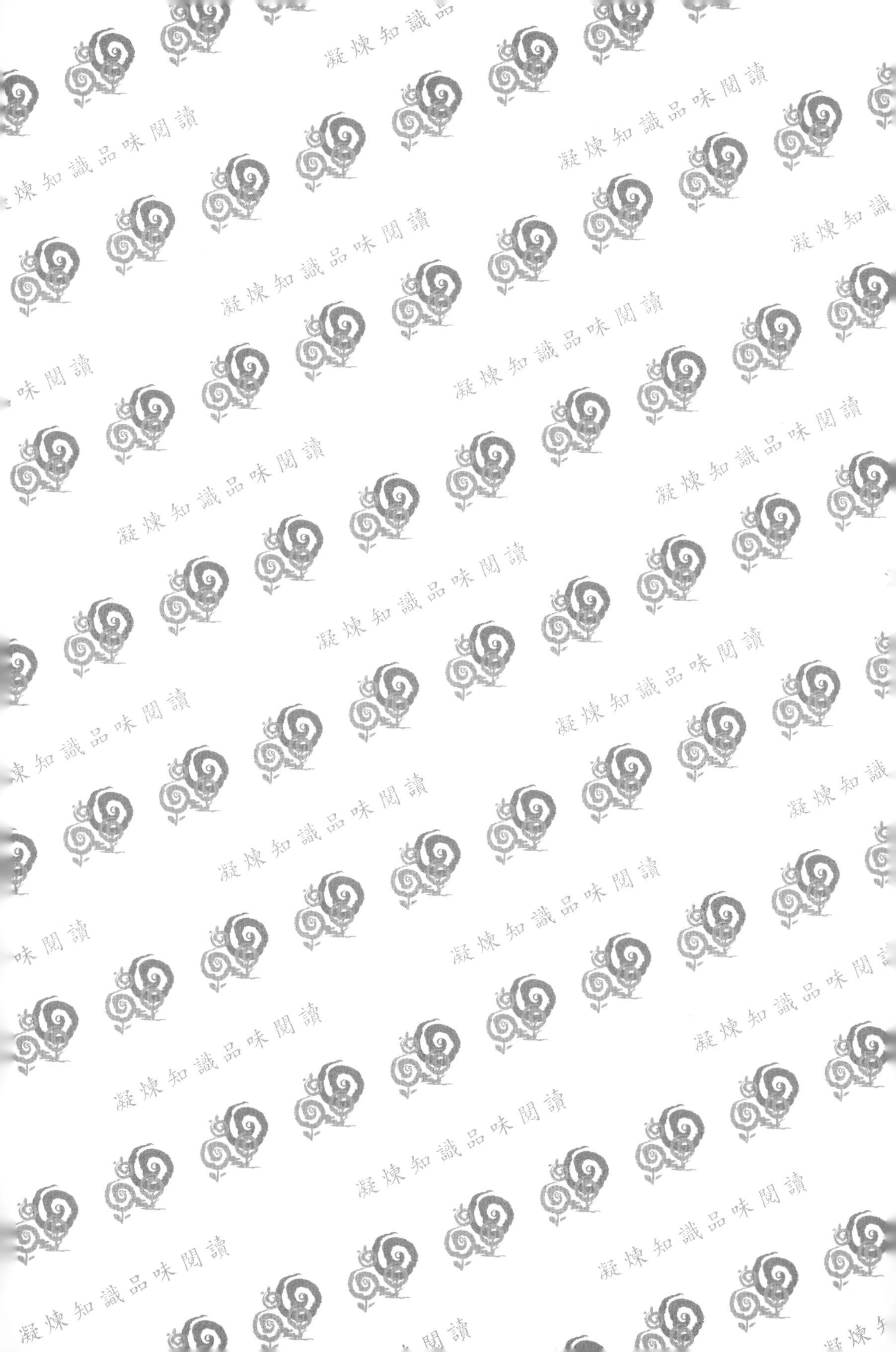

| 李慶國　陳麗香　孔皓瑩　著

化妝品概論與應用

Concept and Application of Functional Cosmetic

五南圖書出版公司 印行

作者序

化妝品學本身就是一門跨領域的科學，從化妝品的製造需要化學（化工）、機械等人才的參與；化妝品的包裝需要材料、美術及設計等人才；化妝品的行銷更是需要通路、企劃等專長，因此，要完全了解化妝品學或是完整教授化妝品學是有其困難度的。在過去於臺北醫學大學藥學系的化妝品學教學經驗及生藥技術學系（已經停招）化妝品學及實驗的課程或是技職體系（馬偕護專、實踐大學）的邀請授課期間，要選擇何種教材或是何種上課內容？實在很難從中做出取捨，國內有些學者編寫了化妝品化學的專書或是翻譯國外的相關書籍，筆者曾嘗試作爲授課內容，但是一直感覺到有不足之處，一方面是化妝品學本身範圍就是很大，一方面是學生對於想知道化妝品知識的角度與筆者授予的不同，因此，就將課程聚焦在功效性保養品（例如美白、防曬、抗老化或保溼）爲主軸，其附屬器官（毛髮、指甲等）爲輔。於授課中，學生很希望能將學理上的知識與實際結合，於是有化妝品配方設計與實驗的需求，因此，本書爲了配合學校的授課時數與學生的需求，另外，也希望對於有興趣從事化妝品行業或是正在從事化妝品工作者可做爲一本參考書籍。

本書分爲三大部分，第一部分是較偏學理方面的化妝品發展趨勢與原料簡介（第一章到第六章），由筆者與加貝生技公司負責人陳麗香老師所執筆；第二部分是化妝品配方設計部分（第七章到第十章），由曾在多所學校授課，對於各類保養化妝品及個人清潔用品的配方研發很有經驗及專長的永佳環球有限公司化妝品研究室負責人孔皓瑩老師執筆，第三部分的配方實例（實驗部分）是由曾於臺北醫學大學生藥技術學系化妝品學實驗授課，目前從事於各類防皺產品、美白、保溼、抗痘抗敏化妝品等產品的代工的陳麗香老師執筆。

希望如此的編寫方式能對化妝品的產業或是讀者們做出些貢獻。無法將所有化妝品相關內容（毛髮、指甲及很重要的化妝品分析檢驗等）編寫進去，若有疏忽或錯誤之處，敬請讀者不吝指正、賜教。對於實驗室學生（佳純、婕之、怡慈、秀珍）所提供的資料一併感謝。

目錄

第一篇

化妝品的發展趨勢與原料簡介

第一章 化妝品的發展趨勢與原料簡介

一、化妝品產業發展趨勢

化妝品產業是一個相對風險低、毛利高的產業，近幾十年來，化妝品市場成長速度超越全球國內的生產毛額成長速度，根據生物技術開發中心產學資訊組於2016年6月最新統計資料2013～2017年複合年成長率（CAGR）爲4.7%，2017～2021年複合年成長率將升爲5.8%（圖1.1），是一個高成長率的產業。而化妝品產業的區域市場前三大仍是亞太地區、北美、西歐（圖1.2），但亞太地區已成爲最大的區域市場，占有率約32%，主要是中國大陸及印度等人口衆多的國家消費能力提升之故，而西歐、北美市占率約20%乃基於此兩區域有多家知名品牌，不論是行銷資源與發展歷史及研發能量有紮實的基礎。對於未來化妝品產業成長性來看，非洲、中東的化妝品市場仍處於開

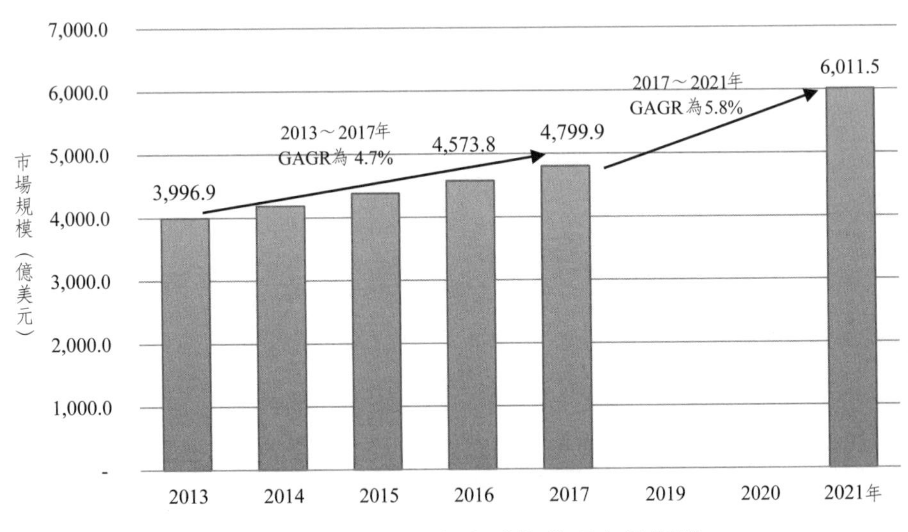

圖1.1　2013～2021年全球化妝品市場規模

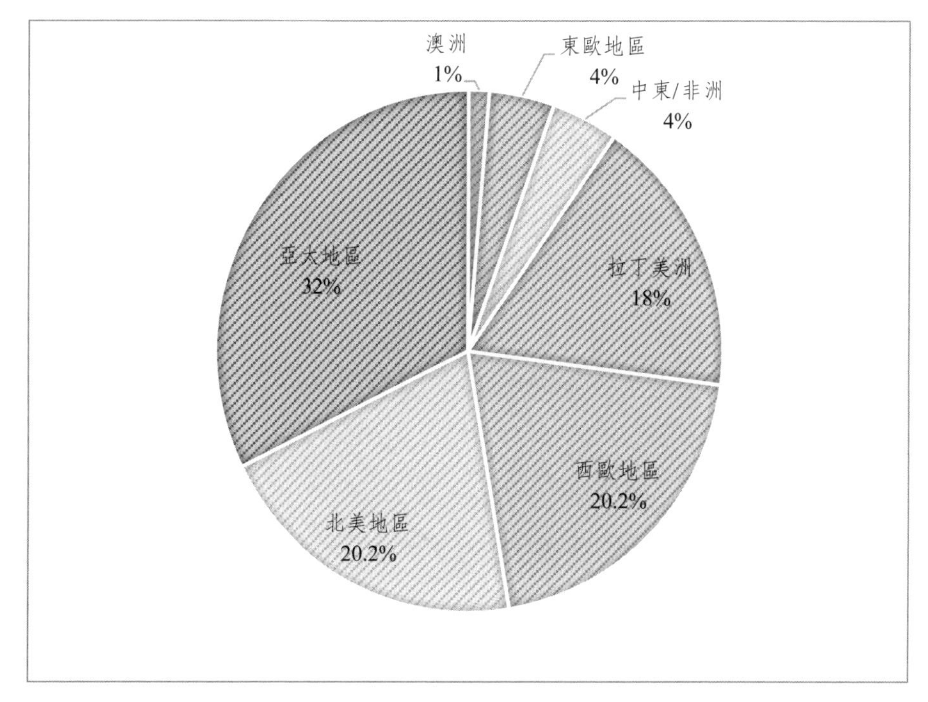

圖1.2　2017年全球化妝品市場各區域市場所佔比例

資料來源：Euromonitor; DCB資產組ITIS研究團隊整理（2018.06）

發期，將是值得重視的市場。目前，國內許多廠商由原先電子產業轉投資化妝品領域或之前是醫藥、食品產業的也紛紛投入化妝品的生產行銷業，由國內佈局到海外，尤其是外銷到中國大陸、東協等地緣相近的國家。而新興市場的重要性漸增，這是年輕學子欲以化妝品產業爲職業必須留意的。

全球化妝品產品類別包括了皮膚保養品、髮用製品、彩妝、香水、男士用品、嬰兒保養品及個人衛生用品等（圖1.3），其中皮膚保養品近幾年來一直是市場主流約占26%，在2017年約有1244億美金

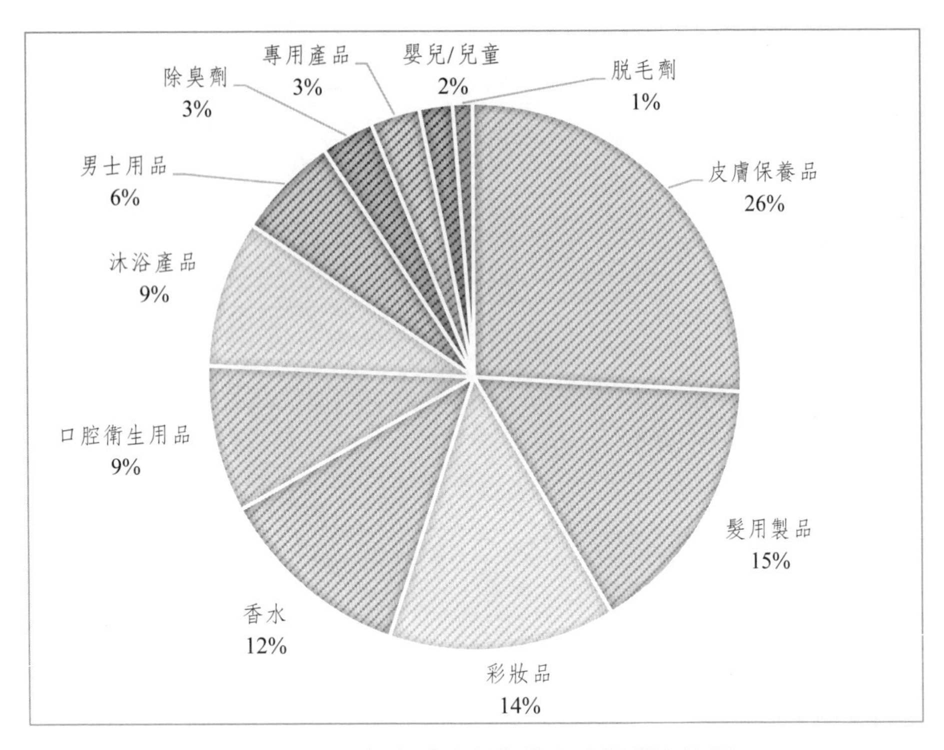

圖1.3　2017年全球各類化妝品市場所占比例

資料來源：Euromonitor; DCB資產組ITIS研究團隊整理（2018.06）

產值，皮膚潤膚及抗老產品是皮膚保養品中需求的前二位，也是亞太地區最大的市場；其次是髮用製品約有751億美金產值，洗髮與潤髮產品爲大宗，彩妝爲第三大產品約有660億美金，是以唇膏與遮瑕產品爲主，而男士用品與嬰兒保養品的市場規模迅速提升。

在人類愛美的天性下，化妝品的市場是歷久不衰，過去利用實體行銷的模式（百貨公司專櫃、開放式藥妝、直銷、沙龍等）進行交易，而目前網路經濟體的逐漸成熟，使整個化妝品的整體產業不在是只有傳統的行銷方式，對於產品的價錢、產品的種類或是品牌的忠誠

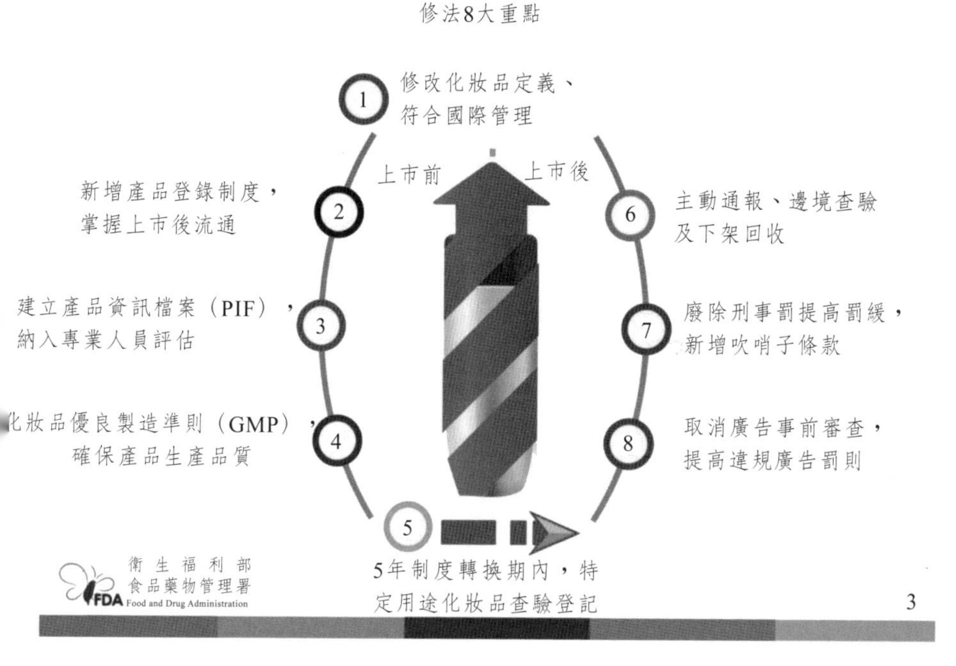

圖1.4　TFDA整理化妝品衛生管理法修法的8大重點

度都有巨幅的改變。在2017年的統計，全球的化妝品市場，前十大廠商仍爲歐洲、美國及日本之國際大廠分別爲L'Oreal、P&G、Unilever等其各別發展的動向不盡相同，但每家公司的方向與方式值得我們重視的，L'Oreal除了豐富的行銷資源與進行替代性動物測試研發外，對於開發智慧美容數位產品與專業的人工智慧實境廠商合作，提供新的消費模式，而P&G與Unilever除了強化核心產品外，收購特定公司拓展市場，更爲了建立消費群對產品的忠誠度與信任，分別在公司網站揭露香料成分含量高於0.01%的資料，強調產品的安全性，訴求利用智慧科技導入個人化產品服務與減低環境汙染，努力成爲世界公民的一員。這些都是台灣化妝品公司逐漸發展自有品牌須留意之趨勢。

我國的化妝品產業這些年蓬勃發展在國際上逐漸有些好評，例如面膜產品已成爲觀光客必買的產品。雖然在市場規模上有成長但是國內趨於飽和，而海外市場受到匯率影響與國際競爭者多的影響，出口爲穩定性的緩慢成長，主要出口國爲亞洲國家（表1.1），其中中國大陸爲第一出口國（47.7%），第二爲美國（16.0%），而東協中新加坡、馬來西亞、泰國、印尼爲前十大出口國中的其中四國，除新加坡外，其餘三國有明顯成長，而進口化妝品部分，每年都是逆差，其中日本與法國是主要進口國，占進口總金額的28.1%與18.5%，主因是他們的化妝品產業相當成熟，深受我國消費者喜愛，但不可不提的是韓國的化妝品急速在國際上嶄露頭角，除了他們有計畫性的發展，韓國政府也配合他們利用文化文宣，功不可沒，這是我國政府需要擬出相關政策及產業與學界需要重視的。

雖然我國的化妝品產業有許久的時間，唯過去多爲小而美的廠商，近年來雖然有較大規模的廠商投入經營，產品研發能量到銷售通路也有所突破，但是與國外大廠比較仍有極大的進步空間。我國化妝品產業鏈與其他生技製藥產業有類似的結構，如上游的化學品原料與包材，中游的製造與商品包裝到下游的行銷（包括實體店面或網路行銷），在台灣地理環境與經濟規模方面，上游的化妝品原料皆仰賴原料代理商進口，唯有量少且單價高的生技功能原料較合適在台灣研發製造，而中游設計製造或委託代工方面，台灣過去訓練的化學／化工及藥學人才撐起了此部分，主要是因爲專業訓練能夠掌握化妝品原料特性而開發不同的配方。而行銷包裝設計與國際法規了解在國內逐漸被重視下，也逐漸有了特色爲下游行銷與台灣自有品牌的發展與海外銷售貢獻心力。相信上、中、下游的化妝品產業鏈連結下，台灣的化妝品必有很好的遠景，但是目前面臨人力老化與缺乏、化妝品所需要不同類別專長產業的結合仍不夠及化妝品產業在自動化趨勢的不積極是一個發展的警惕，這些問題有賴政府及民間相關組織一起合作解決。

表1.1　2017年我國化妝品前10大進出口國

排名	進口金額				排名	進口金額			
	國家	2016年	2017年	成長率		國家	2016年	2017年	成長率
1	日本	126.9	126.0	-0.7	1	中國大陸	51.3	55.1	7.4
2	法國	86.0	83.0	-3.4	2	美國	21.1	19.7	-6.9
3	美國	74.1	53.2	-28.2	3	日本	6.3	6.1	-2.3
4	韓國	44.9	41.6	-7.4	4	馬來西亞	4.9	5.9	20.0
5	中國大陸	36.4	36.5	0.2	5	泰國	.9	3.2	9.7
6	英國	17.6	17.3	-1.6	6	新加坡	3.2	3.2	-0.7
7	泰國	15.6	17.0	9.2	7	英國	6.1	3.2	-48.3
8	義大利	14.4	14.5	0.4	8	法國	2.1	2.7	26.6
9	德國	14.9	14.0	-6.1	9	澳洲	2.3	2.3	0.9
10	瑞士	9.0	8.3	-8.5	10	印尼	1.2	1.9	55.9

註：各國排名順序依2017年進出口金額大小；中國大陸含香港

資料來源：中華民國財政部關務署海關統計資料庫；DCB產資組ITIS研究團隊整理（2018.06）

二、化妝品原料的發展趨勢

化妝品的使用，從考古研究資料中發現於舊石器時代即開始。過去人類利用週遭環境的物品如泥土、植物、混合油酯塗抹在身上禦寒、防曬、蟲咬等，而後為了宗教儀式避災、解厄，到了今日科學昌明，經濟繁榮，個人色彩意識的提升，化妝品的用途除了免於紫外線照射引起的皮膚變黑、改善光輻射造成皮膚加速的老化及溼度變化造成的皮膚搔癢等，藉由化妝品來提升自我自信、增加外在美與社交圈，這些過程都是與當時的社會經濟與科學進展有關。

何謂化妝品？其定義如何？各國對它說法用字不盡相同，但是化妝品的文字精神及核心是類似的，例如：

1. 我國根據《化粧品衛生安全管理法》：對於化妝品的定義，指施於人體外部、牙齒或口腔黏膜，用以潤澤髮膚、刺激嗅覺、改善體味、修飾容貌或清潔身體之製劑。稱之為化妝品。
2. 日本對於化妝品的定義：為了清潔，美化身體、增加魅力、改變容貌或為保護和頭髮，而塗抹撒布在身體上的，對人體作用緩和的製品稱為化妝品。
3. 美國依據《食品藥物及化妝品法》（Food, Drug, and Cosmetic Act.）的定義，依其使用目的，被擦倒或噴灑等其他方式被施用在人的身體達到清潔、美化、增加吸引力或是改變外觀的物質稱為化妝品。
4. 中國大陸對於化妝品定義：指以塗擦、噴灑或者其他類似的方法，散布於人體表面任何部位（皮膚、毛髮、指甲、口唇等），以達到清潔、消除氣味、護膚、美容和修飾的目的的日用化學工業產品。

5. 歐洲：依據歐盟化妝品指令規定之化妝品定義爲任何物質或準備其使用目的是用來放置接觸不同的人體外部或是牙齒和口腔黏膜，專門或是主要目的是使該部位清潔、使增加香氣、改變外觀以及修正體味或是用來保護或是保持在良好狀況下的產品稱爲化妝品。

因此，化妝品的用途首要是清潔及基礎保養，過去，油脂類原料與醇類型皀化產物的肥皀在清潔角度上扮演很重要的角色，香皀及藥皀是大衆常用的清潔產品，但隨著時代的進步，清潔化妝品不是唯一的訴求，爲提升個人魅力、改善容貌或皮膚狀況的保溼、護髮、防曬、美白成爲主要訴求，回歸大自然、綠色環保的概念也隨之興起，生技產品（玻尿酸、膠原蛋白、Q-10、生肽、EGF等）、天然有機的原料（中草藥萃取物、有機栽培）謂爲風行，而奈米製程技術的奈米原料可以增加功效性成分對於皮膚的滲透，間接降低功效性成分的使用量，亦可以讓產品的透光度增加（例如目前大多數物理性防曬劑所使用的二氧化鈦及氧化鋅就是使用奈米級的規格），因此，化妝品的訴求就會因爲新原料的開發、劑型的進步、對於皮膚的了解更明確，而製造出更安全、更有效、更有吸引力的產品。

三、法規／政策

在化妝品產業發展較先進的歐盟及美國或新興的中國大陸及東協十國，對於化妝品都有相關法規與政策，其中歐盟是最爲嚴謹的法規制度，爲大多數國家所依循或參考的指標。其中，化妝品原料的安全性是更新的重點，如2013年替代性動物實驗的規定，2017年公告多項化妝品成分禁用規範使用量等，台灣衛生福利部食品藥物管理署（TFDA）也參考國際規範與潮流，將管理重點由上市前審查改為加強上市中及上市後的監管，增加廠商的自主管理，因此2017～2018年我國化妝品法規有重大的修訂，最主要有三大方面：

1. 為保障國人化妝品的使用安全，修訂多項化妝品法規，例如化妝品中抗菌、防腐劑的使用限量規定，替用多項成分使用及金屬的限量基準（請參看TFDA官方網站消息https://www.fda.gov.tw/TC/site.aspx?sid=40）。
2. 為兼顧人道與動物保護精神及確保消費者使用安全，公告了化妝品或化妝品成分安全性評估申請動物試驗辦法。
3. 為了保護環境，減低對環境的汙染，因此對於原料尺寸太小，不易清除或自然環境中無法分解，造成水域、海洋生態影響的塑膠微粒，環境保護署訂定了《限制含塑膠微粒之化妝品與個人清潔用品製造、輸入及販賣及檢測方法》，為全球環境保護盡一份心力。

我國化妝品管理要與國際接軌，降低我國化妝品在國際市場的法規障礙與國際競爭力，在2018年5月公告將以前的《化妝品衛生管理條例》修正為《化粧品衛生安全管理法》，不論是對於化妝品的法規精神或產品項目都有些改變（請看TFDA整理修法的八大重點，圖1.4），例如產品於上市前，業者須完成產品登錄、建立產品資訊檔案（PIF），提供消費者更多樣的產品選擇及線上查詢產品資訊，及其製造場所須符合優良製造準則（GMP），加強化妝品之安全性管理，及確保穩定生產優質化妝品，維護化妝品之衛生安全。另外新增產品來源及流向資料之建立、業者主動通報義務等制度，並大幅提高罰鍰金額，以及加重違規化妝品廣告之處罰，並得要求違規情節重大者刊登更正廣告及下架產品，以更健全的規範保障消費者權益。這些改變對於化妝品工廠製造及行銷是很大的衝擊與改進，對於消費者有更多的保障。但是此些改變必須要有專人去執行與維護，故TFDA這幾年執行了化妝品安全資料簽署員培訓計畫，訓練一批化妝品安全資料簽署員，雖然此訓練計畫將終止，但是未來將會有相關的大專院校接棒，對於有興趣的學子可以注意對於此方向了解與學習。

在全球人口老人化的問題、民眾知識越益普及的時代、台灣教育水準普遍提升、生活水準要求愈高、環保概念抬頭的年代，化妝品產業是值得進一步以化學、藥學、化妝品相關專長為基礎，結合行銷、管理、藥理、設計等領域一起發展的一種產業。本書的目的亦希望許多年輕學子或對於化妝品有興趣的讀者能對化妝品的功能及產品製造有更一步的認識，對於化妝品的功效有基本知識的了解。

課後練習

1. 全球五大化妝品市場是指哪五個國家？
2. 全球化妝品產品類別中，前三大產品為何？
3. 何謂化妝品定義？
4. 化妝品較為風行的三大領域為何？

第二章

化妝品原料簡介

各類功能性化妝品（保溼、防曬、美白、除皺等）的組成是由不同功用原料結合的產品，有來自石化工業的界面活性劑、來自生技開發的表皮生長因子EGF、來自天然的抗菌成分、標榜天然的中草藥萃取液，及從國外進口的大宗油脂等功用、種類、特性不同的化妝品原料，爲了讓讀者有系統與概念的了解及容易明白原料的功用，因此，將其分爲三大類別：一、基質原料；二、輔助原料；三、功效性原料。

一、基質原料

基質原料是化妝品劑型的主體原料，主導化妝品的性質和功用，例如膏霜類化妝品有別於洗髮精、沐浴乳類化妝品的基質原料，因此，產品的性質、劑型和功用就有差異，基質原料一般可分爲以下幾類：1.油質原料；2.粉質原料；3.膠質原料。

1. 油質原料是形成各種乳液類、霜體類化妝品的基體原料，油質原料不同，產品的使用感覺（油膩感、無油膩感、潤滑感等）也不同。
2. 粉質原料是形成粉狀劑型化妝品的基體原料，如在爽身粉、痱子粉、粉餅、粉底霜等產品。粉質原料在化妝品的作用有遮蓋、吸收、展延、調色、塡充等作用，可賦予產品對皮膚的修飾性、黏附性和滑爽性。
3. 膠質原料是面膜和凝膠劑型化妝品中的基體原料，大都是屬於水溶性高分子化合物，具有成膜性、黏合性、增稠性、懸浮性、保水性、助乳化及保持系統之穩定等作用。此高分子化合物依來源的不同，可分成有機物與無機物，有機物又可分爲：(1)天然高分子；(2)半合成高分子（以合成反應將天然高分子加上官能基）；(3)合成分子。

以下就普遍使用的油質原料進行進一步的說明。

(一) 油脂、蠟類

油脂、蠟類是形成各種膏霜、乳液類化妝品的基質原料（屬於油相成分）。油脂、蠟類特性簡介——油脂、蠟類是不溶於水的疏水性物質，來源有可能是植物性、動物性、礦物性油脂及合成油脂、蠟等種類。

1. 植物油脂的種類太多，一般用碘價[1]範圍來區分

種類	碘價範圍
乾性油	120以上
半乾性油	100～120
不乾性油	100以下

碘價愈高，不飽和度也愈高，穩定性就較差，因此化妝品中使用的油脂大部分都是不乾性油或部分半乾性油爲主。油脂名詞的區分，一般而言，常溫下呈液體狀態的稱油，呈固體狀態的稱脂。

在化妝品產業中所使用的油脂、蠟類主要有以下種類：

(1) 植物油：橄欖油（Olive Oil）、篦麻油（Castor Oil）、椰子

1 碘價是指每100克油脂樣品所消耗的碘或碘化物質量（單位為克）。在油脂樣品中之所指的不飽和脂肪酸是指具有C=C的形式存在，C=C會與碘發生加成反應。所以當碘價數值愈高，表示此油脂之C=C含量愈高，不飽和程度也愈高。故，碘價常被用來測定脂肪酸中不飽和度。

油（Coconut Oil）、甜杏仁油（Sweet Almond Oil）、杏核油（Apricot Kernel Oil）、棕櫚油（Palm Oil）、荷荷巴油（Jojoba Oil）、酪梨油（Avocado Oil）、葡萄籽油（Grape Seed Oil）、榛果油（Hazelnut Oil）、米糠油（Rice Bran Oil）、小麥胚芽油（Wheat Germ Oil）、茶籽油（Tea seed Oil）、胡桃油（Macadamia Nut Oil）等。

(2) 植物脂：乳木果油（Shea Butter）、可可脂（Cocoa Butter）、芒果核脂（Mango Kernel Butter）等。

(3) 植物蠟

①堪地利蠟（Candelilla Wax）── 單酯類[2]的植物性蠟，硬度比巴西蠟低一些。

②巴西蠟（Carnauba Wax）── 單酯類的植物性蠟，硬度最高，熔點也是天然蠟中最高的一種，因為這些特性，所以廣泛用於唇膏製造，以增加耐熱性及光澤。

2. 動物油脂與蠟類：動物性的油脂與蠟類原料現在較少使用在化妝品產品上，可能是取得量有限及保護因素或者也因為素食者的考量。

(1) 動物油：鯊魚肝油（Shark Liver Oil）、水貂油（Mink Oil）等。

(2) 動物油脂：牛脂（Tallows）、豬脂（Lard）、鴕鳥油脂（Ostrich Oil）等。

(3) 動物蠟：蜜蠟（Beeswax）、羊毛脂（Wool Wax）等。

3. 礦物性油脂與蠟類：皆為非極性的高碳烴，是以直鏈飽和烴為主

---

2 單酯類：僅形成一個酯類結構的物質。

要的成分，此類油脂與蠟來源多以及穩定性高，至今使用在化妝品工業的量都還算多。常見的有礦物油（Mineral Oil）、石蠟油（Paraffin Oil）、凡士林（Vaselline or Petroleum Jelly）、微晶蠟（Microcrystalline Wax）、地蠟（Ozocerite Wax）、石蠟（Paraffin Wax）等。

4. 合成油脂：由於此類原料穩定及功能突出，所以已經廣泛用於各類化妝品。
   (1) 羊毛脂衍生物：是將羊毛脂經分餾、氫化、乙醯化、乙氧基化、烷氧基化等過程而得。
   (2) 聚矽氧烷：主要是聚二甲基矽氧烷及其衍生物，不論是用於皮膚或頭髮，此類型的原料使用度極高，主要是使用感極佳，以及可以改善許多產品塗抹的感覺。
   (3) 角鯊烷：角鯊烯經過氫化而得。

(二) 高級脂肪醇（Fatty alcohols）：含有6個碳以上之醇類，稱為高級脂肪醇

高級脂肪酸（Fatty acids）：凡其有6個碳以上，具有-COOH（羧）基者，稱爲高級脂肪酸。在化妝品上最常被用到爲12個碳到18個碳（C12～C18）的脂肪酸。

酯類：是由酸與醇經過脫水反應酯化而成，人工合成所製造出來的酯類可依個人的喜好及物質特性，製出各種不同化學結構之酯類。

1. 脂肪醇：依碳數不同，碳數愈高增稠性愈強。十六醇又稱鯨蠟醇（Cetyl Alcohol）、十八醇又稱硬脂醇（Stearyl Alcohol）、油醇（Oleyl Alcohol），油醇之外，皆爲固體。

2. 脂肪酸：一般碳數愈低刺激性相對愈高，但泡沫度也愈高。依碳數不同可區分月桂酸（12個碳的有機酸）（Lauric Acid）、肉豆蔻酸（14個碳的有機酸）（Myristic Acid）、棕櫚酸（16個碳的有機酸）（Palmitic Acid）、硬脂酸（18個碳的有機酸）（Stearic Acid）、山萮酸（22個碳的有機酸）（Behenic Acid）、油酸（Oleic acid），油酸因有一個雙鍵，所以穩定性較差，容易有油臭味及原料本身顏色容易變深。除油酸之外，皆為固體。
3. 酯類是具有：R^1COOR^2化學結構，小分子量的酯類，由高級脂肪酸與低分子量之一元脂肪醇進行酯化反應所得。高分子量酯類，由高級脂肪酸與高級脂肪醇經過酯化反應所得。

酸 + 醇 ⟶ 酯 + 水

$$R^1COOR^2 + R^2OH \longrightarrow R^1COOR^2 + H_2O$$

二、輔助原料

輔助原料在各類化妝品中的添加量相對較少，但是賦予化妝品許多的特性，例如可以將油相及水相均勻混合的界面活性劑；可以將化妝品調成特定香氣的香料；可以避免微生物孳養的防腐劑；及減低氧化發生的抗氧化劑等，以下就將普遍使用的輔助原料舉幾個重要的作用進行進一步的說明

(一) 界面活性劑（Surface active agents）

溶液中的溶質會對氣-液、液-液或液-固界面產生吸附現象而導致界面性質的明顯改變，此作用稱爲界面活性。界面活性劑通常是指界面活性較強的物質。

化妝品的原料可以依其對於水或對於油的親和性通常可分爲(1)親水溶性（Hydrophilic）；(2)親油溶性（Lipophilic）；(3)不溶於水也不溶於油的固體粒子。當水溶性的成分無法與油溶性的成分互相溶解，此時便須加入界面活性劑來當調和作用，製得均勻實用的產品。界面活性在化妝品中扮演的角色包括：乳化、溶解化、滲透、分散、保溼、抗靜電、殺菌、柔軟及消泡等。雖然界面活性劑的種類相當繁多，但分子結構的特性大抵相近，每個分子都兼具親油部分（親油基）和親水部分（親水基）。因此，調整親油基和親水基的組合比例就能改變表面或界面的諸多性質：

1. 界面活性劑概分爲：
   (1) 離子型界面活性劑：包括陰離子型（負電核）、陽離子型（帶正電核）兩種型態。
   (2) 非離子型面活性劑：不帶電核但是結構上會有電負度大的元素（例如：O、N等）造成部分電荷的現象。
   (3) 兩性型界面活性劑：是指在同一分子上有帶正電核及負電核的結構。
2. 界面活性劑之分子構造：
   (1) 一端是由親油性原子團（烴基）構成：碳與氫二種元素構成（其碳數多在10至20之間）。
   (2) 另一端由親水性之原子團構成：不同界面活性劑親水端的差異

甚大。

茲以圖2.1的四個例子進行說明。

(1)非離子界面活性劑

例：

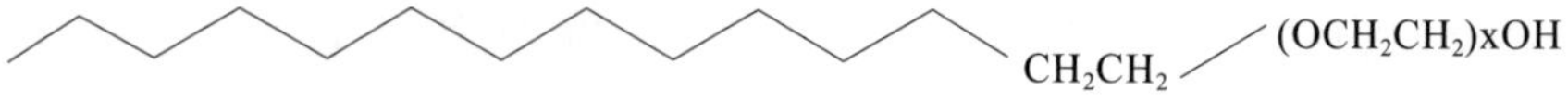

CH_2CH_2 — $(OCH_2CH_2)xOH$

(2)陰離子界面活性劑：

例：

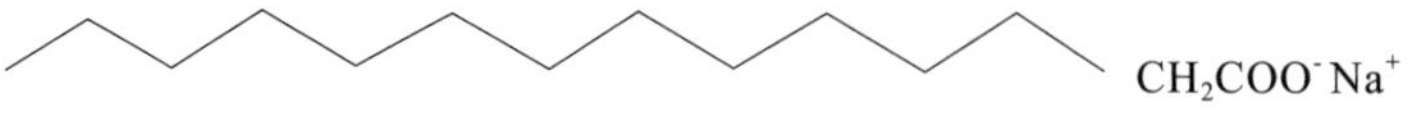

$CH_2COO^- Na^+$

(3)陽離子界面活性劑：

例：

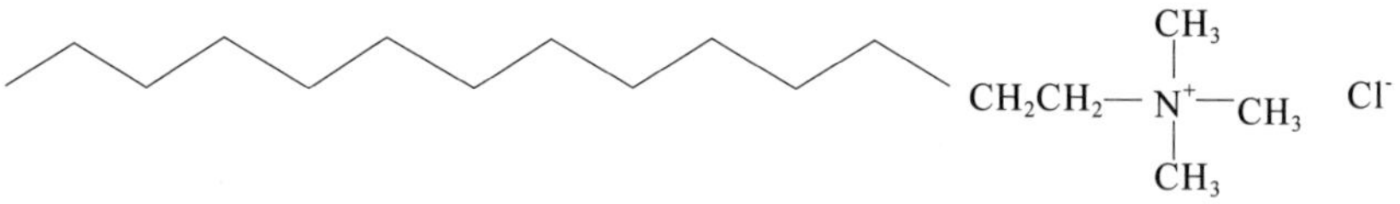

$CH_2CH_2—N^+(CH_3)_3\ Cl^-$

(4)兩性界面活性劑：

例：

$CH_2CH_2—N^+(CH_3)_2—CH_2COO^-$

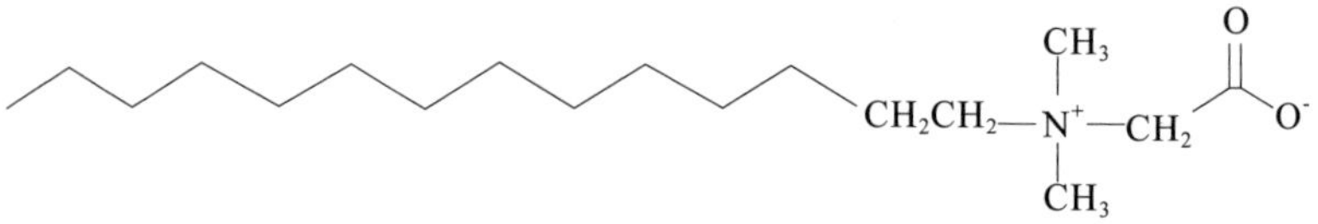

圖2.1　界面活性劑的類型

1. 非離子界面活性劑（Nonionic surfactants）

(1) 非離子界面活性劑：非離子界面活性劑是利用多元醇與高級脂肪酸進行縮合反應所形成，其性質受親水性一端之鏈的長短影響甚巨，當親水性的部分之鏈愈長，愈偏向於水溶性。

例如Span20之結構是由月桂酸與己六醇經脫水反應而得，其結構爲：

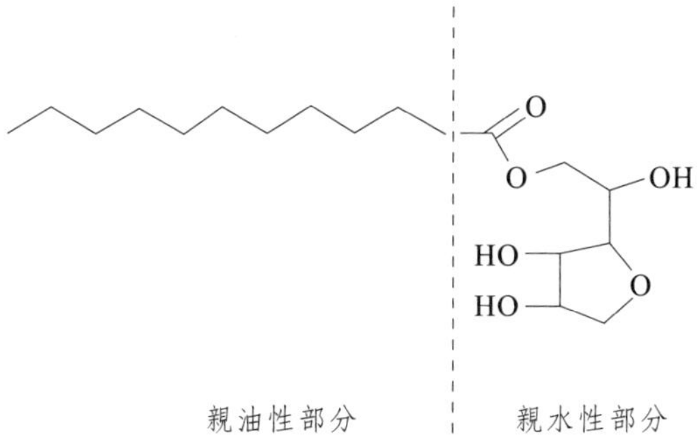

O
O　OH
HO
O
HO

親油性部分　親水性部分

(2) 選擇適用的非離子界面活性劑可由HLB（Hydrophilic Lipophilic Balance）值大小來評估，例如：

①HLB值小於2，完全不溶於水中，是一種良好的消泡添加劑。

②HLB值在3～6，適用爲水相溶於油相（W/O）型乳化劑。

③HLB值在在8～18者則做爲油相溶於水相（O/W）型乳化劑。

備註：現在很多非離子界面活性劑並不適用於HLB值。

2. 陰離子界面活性劑：陰離子界面活性劑最重要的功用爲清潔及起泡的作用，是清潔用品的主要成分，例如：烷基硫酸鹽（Alkyl sulfates）。常見的此類界面活性劑有：

(1) SLS（Sodium lauryl sulfate，十二烷基硫酸鈉）。

(2) TLS（Triethanolamine lauryl sulfate，十二烷基硫酸三乙醇胺鹽），此系列最重要用途爲牙膏。

3. 陽離子界面活性劑（Cationic surfactants）：陽離子界面活性劑用

途介紹如下：

(1) 對於皮膚有潤溼效果。

(2) 對於頭髮有柔軟作用。

(3) 有抗靜電的功能，是頭髮潤溼精的主要成分。

(4) 一般用量不要超過2%。

(5) 常見的此類界面活性劑有Stearyl trimethyl ammonium chloride（十六烷基，三-甲基銨鹽）。

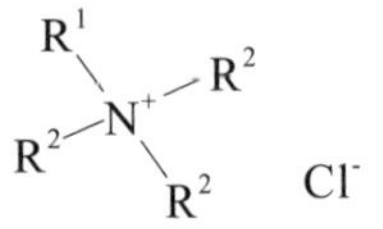

$$[N^{+}R^{1}(R^{2})_3]\ Cl^{-}$$

R^1 cetyl

R^2 methyl

4. 兩性界面活性劑（Amphoteric surfactants）

(1) 兩性界面活性劑通常在同一分子帶有一個正電荷與一個負電荷。

(2) 在化妝品上的應用爲清潔、起泡、潤溼、殺菌作用等，其作用則視溶液中的pH值而定。

在酸性溶液中兩性界面活性劑的陰離子部分與溶液中的正離子中和，整體來說帶正電荷，所以會呈現出陽離子界面活性劑的特性，即有潤溼及殺菌的功能。

同理，在鹼性的溶液則呈現出陰離子界面活性劑的功能，有清潔及起泡的作用。

若在中性溶液（pH=7）達到等電點，即不顯其電性，其就有非離子界面活性劑之特性，有穩定泡沫及增黏的效果。烷基醯胺Betaine是常見的此類界面活性劑，最常被使用的兩性界面活性劑爲R = cocos。

$R-N^{+}(CH_3)_2-CH_2-COO^{-}$　　　$R-CO-NH-(CH_2)_3-N^{+}(CH_3)_2-CH_2-COO^{-}$

R＝cocos

(二) 香料（香精或精油）

香料在化妝品中最大的功用有1.它能散發出香味以增添使用者的光采，例如：以散發香氣魅力爲目的的香水、古龍水等芳香化妝品。2.遮蓋化妝品基礎原料原有的氣味。化妝品的氣味的好壞會影響使用者的心情，藉著香料散發出香味改變化妝品整體的味道，會影響消費者的購買意願。3.有些香料本身具有抗菌性、抗氧化力，因此，此類香料有多種以上功能。

香料依來源可區分爲天然香料、合成香料與調合香料，天然香料可分爲萃取自植物的花、葉、種子的植物香料以及抽取自動物腺囊的動物性香料兩種。合成香料是指從石化工業中所得到的單一化學結構的香料。調合香料是將天然香料、合成香料混合之後的產物。

非天然的香料因爲價錢較天然的香料便宜許多，因此，早期大部分使用非天然的香料（香精）添加於化妝品中，近年來天然謂爲流行，因此天然的香料（精油）取代香精漸多，優點是精油有其一定的功能（例如抗菌），在配方中有提升功能的優勢，缺點是精油容易揮發，味道的接受度不如香精廣泛以及較容易引起過敏。

(三) 防腐劑

防腐劑或稱保存劑，用來幫助產品於約定的時間內維持產品的品質不受微生物威脅及破壞。理想的防腐劑要對於革蘭氏陽性與陰性菌以及眞菌（黴菌與酵母菌）同樣有效，不過一般防腐劑都對其中一類有效，很難對於所有爲生物都有效果，因此都建議幾種特性的不同防腐劑搭配使用。

1. 一般化妝品微生物容許量的法規規定（109年1月1日生效）：

生菌數	其他規定
(1)嬰兒用、眼部周圍用及使用於黏膜部位之化妝品：100CFU/g（或mL）以下。 (2)其他化妝品：1000CFU/g（或mL）以下。	不得檢出一金黃色葡萄球菌（*Staphylococcus aureus*）、綠膿桿菌（*Pseudomonas aeruginosa*）、大腸桿菌（*Escherichia Coli*）等。

因此防腐劑的選擇不必是針對某些菌的抗菌原料，應該是選擇對大多數微生物有效的原料。

2. 現行法規對於化妝品中防腐劑成分名稱及使用限量表

化粧品中防腐劑成分名稱及使用限量表

號	成分名	INCI名	CAS No.	產品類型/使用範圍	限量標準	限制規定	應刊載之注意事項
	Alkylisoquinolinium bromide (Lauryl isoquinolinium bromide) (2-Dodecylisoquinolin-2-iumbromide)	Lauryl isoquinolinium bromide	93-23-2	(a)立即沖洗產品 (b)其他產品	(a) 0.5% (b) 0.05%		使用時避免接觸眼睛。
	Alkyl (C12-22) trimethy ammonium bromide and chloride	Behentrimonium chloride/ Cetrimonium bromide/ Cetrimonium chloride/ Laurtrimonium bromide/ Laurtrimonium chloroide/ Steartrimonium bromide/ Steartrimonium chloride	17301-53-0/ 57-09-0/ 112-02-7/ 1119-94-4/ 112-00-5/ 1120-02-1/ 112-03-8		0.1%		
	Benzalkonium chloride, bromide and saccharinate	Benzalkonium chloride/ Benzalkonium bromide/ Benzalkonium saccharinate	8001-54-5/ 91080-29-4/ 61789-71-7/ 63449-41-2/ 68391-01-5/ 68424-85-1/ 68989-01-5/ 85409-22-9		0.1% (以 benzalkonium chloride 計)		使用時避免接觸眼睛。
	Benzethonium chloride	Benzethonium chloride	121-54-0	(a)立即沖洗產品 (b)非立即沖洗產品	(a) 0.1% (b) 0.1%，不得使用於口腔製劑	(b)不得使用於口腔製劑。	
	Salts of benzoic acid and esters of benzoic acid	Ammonium benzoate/ Butyl benzoate/ Calcium benzoate/ Ethyl benzoate/ Isobutyl benzoate/ Isopropyl benzoate/ Magnesium benzoate/ MEA-benzoate/ Methyl benzoate/ Phenyl benzoate/ Potassium benzoate/ Propyl benzoate/ Sodium benzoate	1863-63-4/ 2090-05-3/ 582-25-2/ 553-70-8/ 4337-66-0/ 93-58-3/ 93-89-0/ 2315-68-6/ 136-60-7/ 1205-50-3/ 939-48-0/ 93-99-2/ 532-32-1		1%		
	Benzoic acid	Benzoic acid	65-85-0		0.2%		
	Benzyl alcohol	Benzyl alcohol	100-51-6		1%		
	2-Benzyl-4-chlorophenol	Chlorophene	120-32-1		0.2%		
	Cetylpyridinium chloride	Cetylpyridinium chloride	123-03-5	(a)立即沖洗掉產品 (b)接觸黏膜部位產品 (c)其他產品	(a) 5% (b) 0.01% (c) 1%		
	Benzenesulfonamide	Chloramine T	127-65-1	(a)立即沖洗掉產品 (b)其他產品	(a) 0.3% (b) 0.1%		
	Chlorhexidine	Chlorhexidine	55-56-1	(a)立即沖洗掉產品 (b)其他產品	(a) 0.1% (b) 0.05%		
	Chlorhexine gluconate	Chlorhexidine digluconate	18472-51-0	(a)立即沖洗掉產品 (b)其他產品	(a) 0.1% (b) 0.05%		使用時避免接觸眼睛。
	Chlorhexidine hydrochloride	Chlorhexidine dihydrochloride	3697-42-5	(a)接觸黏膜部位產品 (b)其他產品	(a) 0.001% (b) 0.1%		
	Chlorobutanol	Chlorobutanol	57-15-8		0.1%	不得使用於噴霧類產品。	
	Chlorocresol	p-Chloro-m-cresol	59-50-7		0.5%	不得使用於接觸黏膜部位產品。	
	Chloroxylenol	Chloroxylenol	88-04-0/ 1321-23-9		0.5%		
	1,2,3-Propanetricarboxylic acid, 2-hydroxy-, monohydrate and 1,2,3-Propanetricarboxylic acid, 2-hydroxy-, silver(1+) salt, monohydrate	Citric acid (and) Silver citrate	-		0.2% (相當於 silver 0.0024%)	不得使用於口腔與眼部製劑。	
	1-(4-Chlorophenoxy)-1-(imidazol-1-yl)-3,3-dimethylbutan-2-one	Climbazole	38083-17-9		0.5%		避免同時使用三種以上含 Climbazole 之非立即沖洗掉產品。
	Dehydroacetic acid and its salts	Dehydroacetic acid/ Sodium dehydroacetate	520-45-6/ 16807-48-0/ 4418-26-2		0.5% (總量)		

編號	成分名	INCI 名	CAS No.	產品類型/使用範圍	限量標準	限制規定	應刊載之注意事
20	4,4-Dimethyl-1,3-oxazolidine	Dimethyl oxazolidine	51200-87-4		0.1% (pH>6)		
21	6,6-Dibromo-4,4-dichloro-2,2'-methylene diphenol	Bromochlorophene	15435-29-7		0.1%		
22	1,2-Dibromo-2,4-dicyanobutane	Methyldibromo glutaronitrile	35691-65-7	立即沖洗掉產品	0.1%	限使用於立即沖洗掉產品。	
23	3,3'-Dibromo-4,4'-hexamethylene dioxydibenzamidine and its salts (including isethionate)	Dibromohexamidine isethionate	93856-83-8		0.1%		
24	2,4-Dichlorobenzyl alcohol	Dichlorobenzyl alcohol	1777-82-8		0.15%		
25	Ethyl-N-alpha-dodecanoyl-L-arginate hydrochloride	Ethyl lauroyl arginate HCl	60372-77-2		0.4%	不得使用於口腔、唇部製劑及噴霧類產品。	
26	5-Ethyl-3,7-dioxa-1-azabicyclo [3.3.0]octane	7-Ethylbicyclooxazolidine	7747-35-5		0.3%	不得使用於接觸黏膜部位產品。	
27	Formic acid and its sodium salt	Formic acid/ Sodium formate	64-18-6/ 141-53-7		0.5% (以 acid 計)		
28	Glutaraldehyde (Pentane-1,5-dial)	Glutaral	111-30-8		0.1%	不得使用於噴霧類產品。	
29	Halocarban	Cloflucarban	369-77-7		0.3%		
30	Hexamidine and its salts, ester	Hexamidine/ Hexamidine diisethionate/ Hexamidine paraben	3811-75-4/ 659-40-5/ 93841-83-9		0.1%		
31	Hexetidine	Hexetidine	141-94-6		0.1%		
32	4-Chlorophenol	p-Chlorophenol	106-48-9		0.25%		
33	Inorganic sulphites and hydrogensulphites	Ammonium bisulfite/ Ammonium sulfite/ Potassium metabisulfite/ Potassium sulfite/ Sodium bisulfite/ Sodium metabisulfite/ Sodium sulfite	10192-30-0/ 10196-04-0/ 16731-55-8/ 4429-42-9/ 10117-38-1/ 23873-77-0/ 7631-90-5/ 7681-57-4/ 7757-74-6/ 7757-83-7		0.2% (以 free SO2 計)		
34	3-Iodo-2-propynylbutylcarbamate	Iodopropynyl butylcarbamate	55406-53-6	(a)立即沖洗掉產品 (b)非立即沖洗掉產品 (c)止汗制臭劑	(a) 0.02% (b) 0.01% (c) 0.0075%	(a) 不得使用於口腔與唇部製劑。不得使用於三歲以下孩童之產品，但沐浴和洗髮產品除外。 (b)不得使用於口腔與唇部製劑、身體乳液和身體乳霜產品。 (c)不得使用於口腔與唇部製劑，不得使用於三歲以下孩童之產品。	(a)不得使用於三 下孩童。 (b)不得使用於 下孩童。 (c)不得使用於 下孩童。
35	4-Isopropyl-m-cresol	Isopropyl cresols/ o-Cymen-5-ol	3228-02-2		0.1%		
36	2-Methyl-2H-isothiazol-3-one	Methylisothiazolinone	2682-20-4	立即沖洗掉產品	0.01%	限使用於立即沖洗掉產品，不得使用於接觸黏膜部位產品。	
37	Mixture of 5-Chloro-2-methyl-isothiazol-3(2H)-one and 2-Methylisothiazol-3(2H)-one with magnesium chloride and magnesium nitrate	Methylchloroisothiazolinone and Methylisothiazolinone	55965-84-9/ 26172-55-4/ 2682-20-4	立即沖洗掉產品	0.0015%	5-Chloro-2-methyl-isothiazol-3(2H)-one and 2-Methylisothiazol-3(2H)-one 混合比例為 3：1；限使用於立即沖洗掉產品。	
38	Biphenyl-2-ol, and its salts	o-Phenylphenol/ Sodium o-phenylphenate/ MEA o-phenylphenate/ Potassium o-phenylphenate	90-43-7/ 132-27-4/ 84145-04-0/ 13707-65-8		0.2% (以 phenol 計)		

成分名	INCI 名	CAS No.	產品類型/使用範圍	限量標準	限制規定	應刊載之注意事項
Parahydroxybenzoic acid and its salts and ester	Butylparaben/ Propylparaben/ Sodium propylparaben/ Sodium butylparaben/ Potassium butylparaben/ Potassium propylparaben	94-26-8/ 94-13-3/ 35285-69-9/ 36457-20-2/ 38566-94-8/ 84930-16-5		0.14% (以 acid 計) (總量)	非立即沖洗掉之產品，不得使用於三歲以下孩童之尿布部位。	非立即沖洗掉之產品，不得使用於三歲以下孩童之尿布部位。
	Methylparaben/ Ethylparaben/ 4-Hydroxybenzoic acid/ Potassium ethylparaben/ Potassium paraben/ Sodium methylparaben/ Sodium ethylparaben/ Sodium paraben/ Potassium methylparaben/ Calcium paraben	99-76-3/ 120-47-8/ 99-96-7/ 36457-19-9/ 16782-08-4/ 5026-62-0/ 35285-68-8/ 114-63-6/ 26112-07-2/ 69959-44-0		(a) 0.4% (以 acid 計，單獨使用) (b) 0.8% (以 acid 計，混合使用)	非立即沖洗掉之產品，不得使用於三歲以下孩童之尿布部位。	非立即沖洗掉之產品，不得使用於三歲以下孩童之尿布部位。
3-(p-chlorophenoxy)-propane-1,2-diol	Chlorphenesin	104-29-0		0.3%		
Thiazolium, 3-heptyl-4-methyl-2-[2-(4-dimethylaminophenyl) ethenyl]-, iodide	Dimethylaminostyryl heptyl methyl thiazolium iodide	-		0.0015%	不得使用於接觸黏膜部位產品。	
Phenol	Phenol	108-95-2		0.1%		
2-Phenoxyethanol	Phenoxyethanol	122-99-6		1%		
1-Phenoxypropan-2-ol	Phenoxyisopropanol	770-35-4	立即沖洗掉產品	1%	限使用於立即沖洗掉產品。	
Phenylmercuric salts (including borate)	Phenyl mercuric acetate/ Phenyl mercuric benzoate	62-38-4/ 94-43-9	眼部化粧品	0.007% (以 Hg 計)		含 Phenylmercuric compounds。
Photosensitizing dyes	Platonin	3571-88-8		0.001%		
	Quaternium-73	15763-48-1		0.005%		
	Quaternium-51	1463-95-2		0.005%		
	Quaternium-45	21034-17-3		0.004%		
1-Hydroxy-4-methyl-6-(2,4,4-trimethylpentyl)-2 pyridon and its monoethanolamine salt	1-Hydroxy-4-methyl-6-(2,4,4-trimethylpentyl)-2pyridon ,Piroctone olamine	50650-76-5/ 68890-66-4	(a) 立即沖洗掉產品 (b) 其他產品	(a) 1% (b) 0.5%		
Poly(methylene),.alpha.,.omega.-bis[[[(aminoiminomethyl)amino]iminomethyl]amino]-, dihydrochloride	Polyaminopropyl biguanide	32289-58-0/ 133029-32-0/ 28757-47-3/ 27083-27-8		0.3%		
Resorcinol	Resorcinol	108-46-3		0.1%		
Propionic acid and its salts (Methylacetic acid)	Propionic acid/ Sodium propionate/ Ammonium propionate/ Calcium propionate/ Magnesium propionate/ Potassium propionate	79-09-4/ 137-40-6/ 17496-08-1/ 4075-81-4/ 557-27-7/ 327-62-8		2% (以 acid 計)		
Salicylates	Calcium salicylate/ Magnesium salicylate/ MEA-salicylate/ Sodium salicylate/ Potassium salicylate/ TEA-salicylate	824-35-1/ 18917-89-0/ 59866-70-5/ 54-21-7/ 578-36-9/ 2174-16-5		0.5% (以 acid 計)	不得使用於三歲以下孩童之產品，洗髮產品除外。	不得使用於三歲以下孩童。
	Titanium salicylate	-		1%		
Salicylic acid	Salicylic acid	69-72-7		0.2%	不得使用於三歲以下孩童之產品，洗髮產品除外。	不得使用於三歲以下孩童。
Silver Chloride deposited on titanium dioxide	Silver chloride	7783-90-6		0.004% (以 AgCl 計) (20% AgCl (w/w) on TiO2)	不得使用於三歲以下孩童、口腔、唇部及眼部製劑。	
Sorbic acid (hexa-2,4-dienoic acid) and its salts	Sorbic acid/ Potassium sorbate/ Calcium sorbate/ Sodium sorbate	110-44-1/ 24634-61-5/ 7492-55-9/ 7757-81-5		0.6% (以 acid 計)		
Thianthol	Thianthol	135-58-0		0.8%		
Thiomersal	Thimerosal	54-64-8	眼部化粧品	0.007% (總量)(以 Hg 計)		含 Thiomersal

編號	成分名	INCI 名	CAS No.	產品類型/使用範圍	限量標準	限制規定	應刊載之注意事
57	5-Chloro-2-(2,4-dichlorophenoxy) phenol	Triclosan	3380-34-5		0.3%	限使用於洗手液、香皂/沐浴乳、除臭劑(非噴霧劑)、粉餅、粉底或使用人造指甲前之清潔指甲與趾甲用之指甲產品。	
58	1-(4-Chlorophenyl)-3-(3,4-dichlorophenyl)urea	Triclocarban	101-20-2/ 1322-40-3		0.2%		
59	Undecylenic acid and its salts (Undecenoic acid)	Undecylenic acid/ Potassium undecylenate/ Calcium undecylenate/ Sodium undecylenate/ Mea-undecylenate/ Tea-undecylenate	112-38-9/ 6159-41-7/ 1322-14-1/ 3398-33-2/ 56532-40-2/ 84471-25-0		0.2% (以 acid 計)		
60	Pyrithione zinc	Zinc pyrithione	13463-41-7	(a)立即沖洗掉之髮用產品 (b)其他產品(不含口腔製劑)	(a) 1% (b) 0.5%		
61	Phenylmethoxymethanol	Benzylhemiformal	14548-60-8	立即沖洗掉產品	0.15%	限使用於立即沖洗掉產品;化粧品中使用此類成分作為防腐劑時,其總釋出之 Free Formaldehyde 量,不得超過 1,000 ppm。	
62	5-Bromo-5-nitro-1,3-dioxane	5-Bromo-5-nitro-1,3-dioxane	30007-47-7	立即沖洗掉產品	0.1%	限使用於立即沖洗掉產品。 避免 Nitrosamines 形成;化粧品中使用此類成分作為防腐劑時,其總釋出之 Free Formaldehyde 量,不得超過 1,000 ppm。	
63	Bronopol	2-Bromo-2-nitropropane-1,3-diol	52-51-7		0.1%	避免 Nitrosamines 形成;化粧品中使用此類成分作為防腐劑時,其總釋出之 Free Formaldehyde 量,不得超過 1,000 ppm。	
64	1,3-Bis(hydroxymethyl)-5,5-dimethylimidazolidine-2,4-dione	DMDM hydantoin	6440-58-0		0.6%	化粧品中使用此類成分作為防腐劑時,其總釋出之 Free Formaldehyde 量,不得超過 1,000 ppm. 。	
65	N-(Hydroxymethyl)-N-(dihydroxymethyl-1,3-dioxo-2,5-imidazolidinyl-4)-N'-(hydroxymethyl) urea	Diazolidinyl urea	78491-02-8		0.5%	化粧品中使用此類成分作為防腐劑時,其總釋出之 Free Formaldehyde 量,不得超過 1,000 ppm. 。	
66	N,N"-Methylenebis[N'-[3-(hydroxymethyl)-2,5-dioxoimidazolidin-4-yl]urea]	Imidazolidinyl urea	39236-46-9		0.6%	化粧品中使用此類成分作為防腐劑時,其總釋出之 Free Formaldehyde 量,不得超過 1,000 ppm. 。	
67	Methenamine (Hexamethylenetetramine)	Methenamine	100-97-0		0.15%	化粧品中使用此類成分作為防腐劑時,其總釋出之 Free Formaldehyde 量,不得超過 1,000 ppm. 。	
68	Methenamine 3-chloroallylochloride	Quaternium 15	4080-31-3		0.2%	化粧品中使用此類成分作為防腐劑時,其總釋出之 Free Formaldehyde 量,不得超過 1,000 ppm. 。	
69	Sodium hydroxymethylamino acetate	Sodium hydroxymethylglycinate	70161-44-3		0.5%	化粧品中使用此類成分作為防腐劑時,其總釋出之 Free Formaldehyde 量,不得超過 1,000 ppm。	

註:未列於本表中之防腐劑成分,倘歐、美、日三國家地區政府已公告准用且有其限量管制規定者,我國亦依其限用標準准予使用。倘前述三國家地區政府管理有差異時,則採其中限量規定方式最安全者。

資料來源:臺灣衛生福利部食品藥物管理署(TFDA)網站(https://www.fda.gov.tw/tc/site aspx?sid=1152&pn=3化粧品防腐劑成分名稱及使用限制表)(發布日期108年7月1日)

3. 由於科技的進步，近來也漸漸有許多並非是防腐劑卻有防腐劑功能的原料出現，該原料可能爲功能性原料，但同時也具有防腐劑的特性。因此開始有些化妝保養品會訴求沒有添加防腐劑，但本身的品質卻不受影響，有些就是使用這些非防腐劑的原料來抑制微生物的生長。例如：迷迭香萃取液、薄荷精油等。

(四) 抗氧化劑

抗氧化劑主要是防止化妝品原料中不飽和油脂的氧化，不飽和油脂愈高，就愈容易氧化，氧化除了會讓產品產生油臭味（味道的改變）外，也容易產生顏色上的改變及化妝品的變質。國內化妝品法規並沒有對抗氧化劑有使用上的規範，在選擇理想的抗氧化劑，要考慮必須無毒、穩定性高、針對水相或油相要搭配使用、成本要適當、在較寬的pH範圍內有效以及使用微量下仍可以有較強的抗氧化作用。最常使用的有BHA（Bulylated hydroxyanisole）、BHT（Bulylated hydroxytoluene）、α-生育酚（Alpha-tocopherol）、維生素C（Ascorbic acid）及其衍生物Ascorbyl palmitale等。

三、功效性原料

功效性原料賦予產品的主訴求，像是美白、防曬、保溼、除皺、抗痘、止汗、除臭、減肥、豐胸、瘦臉、豐唇、脫毛、去角質、抗敏、去頭皮屑及驅蟲等功能。以下簡單介紹一些功效性原料。

1. 防曬原料——法規的用量限定

政府含藥化妝品基準中對於防曬原料的種類及用量限定的整理如下

2018/9/28彙編彙整版

	成分	用途	限量
1	p-Aminobenzoic acid及其ester	防曬	4%
2	Cinoxate(2-ethoxy ethyl-p-methoxycinnamate)	防曬	5%
3	2-Ethylhexyl p-dimethyl amino benzoate(Octyl dimethyl PABA)	防曬	8%
4	2-Hydroxy-4-methoxy benzophenone(Oxybenzone)、(Benzophenone-3)	防曬	6%
5	2-Hydroxy-4-methoxy benzophenone-5-sulfonic acid(Benzophenone-4)	防曬	5%
6	2-(2-Hydroxy-5-methylphenyl)benzotriazole(Drometrizole)	防曬	7%
7	Homosalate(Homomethyl salicylate)	防曬	10%
8	Octyl methoxy cinnamate(2-Ethylhexyl-4-methoxy cinnamate)、(Octinoxate)	防曬	10%
9	Octyl salicylate(Octisalate)	防曬	5%
10	2-Phenylbenzimidazole5-sulfonic acid and salts	防曬	4%
11	Phenyl salicylate	防曬	1%
12	4-Tert-butyl-4'-methoxy dibenzoyl methane(Butyl methoxy Dibenzoyl methane)、(Avobenzone)	防曬	3%
13	Amyl p-dimethylaminobenzoate(Pentyl dimethyl PABA)	防曬	10%
14	2,4 Dihydroxybenzophenone(Benzophenone-1)	防曬	10%
15	2,2 Dihydroxy 4,4 dimethoxy benzophenone(Benzophenone-6)	防曬	10%
16	2,5-Diisopropyl methyl cinnamate	防曬	10%
17	Dipropylene glycol salicylate	防曬	0.2%
18	Disodium 2,2'dihydroxy 4,4'dimethoxy 5,5'disulfobenzophenone (Benzophenone-9)	防曬	10%
19	Ethylene glycol salicylate(Glycol salicylate)	防曬	1%
20	Glyceryl octanoate di-p-methoxy cinnamate(Glyceryl octanoate dimethoxy cinnamate)	防曬	10%
21	Guaiazulene	防曬	0.01%

	成分	用途	限量
22	2-Hydroxy 4-methoxy benzophenone sodium sulfonate(Benzophenone-5)(as acid)	防曬	5% (as acid)
23	Isopropyl-p-methoxy cinnamate & Diisopropyl cinnamate Ester mixture	防曬	10%
24	Oxybenzone sulfonic acid	防曬	10%
25	Oxybenzone sulfonic acid trihydrate	防曬	10%
26	Sodium salicylate	防曬	0.2%
27	Terephthalylidene dicamphor sulfonic acid and its salts(Mexoryl SX)	防曬	10%
28	2,2,4,4 Tetra-hydroxy benzophenone(Benzophenone-2)	防曬	10%
29	Octocrylene(2-Ethylhexyl 2-Cyano-3,3-Diphenylacrylate)、(2-Ethylhexyl 2-Cyano-3,3-Diphenyl-2-Propenoate)	防曬	10%
30	Zinc oxide（作為收斂劑之用途，限量10%以下）	防曬	2.0～20.0%
31	Drometrizole Trisiloxane	防曬	15%
32	2,2'Methylene-bis-6-(2H-ben- zotriazol-2-yl)-4-(tetramethyl-butyl)1,1,3,3-phenol.(Methylene bis-Benzotriazolyl Tetra methyl-butyl-phenol)、(Tinosorb M)	防曬	10%
33	Bis-Ethylhexyloxyphenol Methoxyphenyl Triazine(2,4-Bis-{[4-(2-ethyl-hexyloxy)-2-hydroxy]-phenyl}-6-(4-methoxyphenyl)-(1,3,5)-triazine)、(Tinosorb S)	防曬	10%
34	Dimethicodiethylbenzal malonate(Polysilicone-15)、(parsol SLX)	防曬	10%
35	Ethylhexyl Triazone	防曬	5.0%
36	Diethylamino Hydroxybenzoyl Hexyl Benzoate(Benzoic acid,2-[-4-(diethylamino)- 2-hydroxybenzoyl]-,hexylester)	防曬	10%
37	3-Benzylidene camphor	防曬	2%
38	Benzophenone-8;(Dioxybenzone)	防曬	3%
39	Benzylidene camphor sulfonic acid;(Alpha-(2-oxoborn-3-ylidene)-toluene-4-sulphonic acid and its salts)as acid	防曬	6% as acid
40	Camphor benzalkonium methosulfate;(N,N,N-trimethyl-4-(2-oxoborn-3-ylidenemethyl)anilinium methyl sulphate)	防曬	6%
41	Diethylhexyl butamido triazone;(Benzoic acid,4,4'-[[6-[[[(1,1-dimethylethyl)amino] carbonyl]phenyl]amino]1,3,5-triazine-2,4-diyl] diimino)bis-,bis(2-ethylhexyl)ester)	防曬	10%
42	Disodium Phenyl Dibenzimidazole Tetrasulfonate;(Neoheliopan AP; Bisimidazylate)	防曬	10%

	成分	用途	限量
43	Glyceryl PABA;(Glyceryl p-aminobenzoate)	防曬	3%
44	Isoamyl p-methoxycinnamate;(Isopentyl-4-methoxycinnamate)	防曬	10%
45	Menthyl Anthranilate;(Meradimate; Menthyl o-aminobenzoate)	防曬	5%
46	4-Methylbenzylidene camphor;(Enacamene; 3-(4'-Methylbenzylidene)-dl camphor)	防曬	4%
47	PEG-25 PABA;(Ethoxylated ethyl-4-aminobenzoate)	防曬	10%
48	Polyacrylamidomethyl benzylidene camphor;(Polymer of N-{(2 and 4)-[(2-oxoborn-3-ylidene)methyl]benzyl} acrylamide)	防曬	6%
49	Trolamine Salicylate;(Triethanolamine Salicylate;TEA Salicylate)	防曬	12%

其他規定：用作化粧品本身之保護劑，而非作為防曬劑用途，且未標示其效能者，得以一般化粧品管理。

資料來源：臺灣衛生福利部食品藥物管理署（TFDA）網站https://www.fda.gov.tw/tc/siteListContent.aspx?sid=1152&id=1035

2. 美白、保溼、除皺等功能性原料簡介（此部分會於之後詳細介紹）

美白、保溼、除皺等是當今化妝保養品中及重要的品項，此類具有功效性的原料在政法法規上多有規範，但是仍有許多新興的功能性原料在市場上流行，筆者就介紹目前在市場上流行被使用過且不錯的原料，由於原料種類眾多，就美白、保溼、除皺等舉例。

(1) 美白原料：通常是以抑制胳胺酸酵素活性、抑制黑色素細胞形成麥拉寧黑色素的作用、加速皮膚新陳代謝，分解沉著黑色素。

以下舉例幾種原料，有經過美白的體外（in vitro）或體內（in vivo）實驗確認對皮膚有美白效果，植物來源：

英文商品名	INCI NAME	功能
BIOWHITE	Saxifraga Sarmentosa Extract (Saxifraga sermentosa), Grape Extract (Vitisvinifera), Butylene Glycol, Water (Aqua), Mulberry Root Extract (Morus nigra), Scutellaria Baicalensis Extract (Scutellaria baicalensis)	特殊的胳胺酸酵素抑制劑為調整黑色素作用的最佳方法。
GIGAWHITE	Malva Sylvestris Ext., Mentha Piperita Leaf Ext., Primula Veris Ext.,Alchemilla Vulgaris Ext., Veronica Officinalis Ext., Melissa Officinalis Leaf Ext., Achillea Millefolium Ext.	抑制酪胺酸活性，阻斷黑色素細胞生成。 加速皮膚新陳代謝，分解沉著黑色素。
ACTIWHITE LS 9808	Sucrose Dilaurate. Pisum sativum (Pea)Extract	減少黑色素生合成主要透過兩種活性，不同於傳統的直接酪胺酸酶抑制劑：減少黑色素體成熟的作用，減少黑色素合成
Chromabright	Dimethylmethoxy Chroma Palmitate	是一個創新的、具安全性的皮膚亮白的活性物。它能在皮膚上誘導出顯著地亮白效果，同時也能對抗光老化作用。

(2) 防曬原料：紫外線吸收劑（見法規）與紫外線散射劑（二氧化鈦、氧化鋅），如果要開發高係數的防曬產品，通常會使用到化學性防曬劑搭配物理性防曬劑，並且會考量的範圍是UVA與UVB都包含在內，因此化學性防曬劑內會選用包含這段波長的原料。

(3) 保溼原料：

皮膚水合作用的反應機構：

①靜態的水（鍵結的水）

皮膚內鍵結的水作用很像貯水槽，一般在角質層細胞內含有13～33%的水，因人而異。分爲兩種型態：

A. 在角質細胞內的水：被角蛋白（keratin）的蛋白鍵吸住。

B. 在角質細胞間的水：存在於表皮層的脂質網空隙中。

②動態的水（流動的水）

水分會從眞皮層通過整個表皮層，最後從角質層揮發掉。這一類的水稱爲動態的水。主要功能：

A. 滋養表皮層。

B. 調整體溫。

C. 阻止外來物質侵入皮膚內。

英文商品名	INCI NAME	功能
SEVE MA-RINE®	Algae Extract	1.修復皮膚親油層，使皮膚水分不易流失。 2.改善動態和靜態水的保溼力。 3.修復角質層細胞內聚力修復顆粒層細胞內的脂質。 4.調節脫皮現象。 5.確保角質細胞橋小體完整（可以加強細胞與細胞間的聯繫）。
PENTAVITIN	Polysaccharide Isomerate	是經過生化科技製造的異構化D-葡聚糖，為高度濃縮的水性溶液，它具有和人體皮膚角質層非常類似的組成結構。
ACB Sea silt bio-ferment G	Saccharomyces/Sea Silt Ferment	亦經證實可稱加水通道蛋白的效應。水通道蛋白為一些可作為孔道的蛋白質，其能隨著濃度梯度調節水分之進出細胞.換言之，水通道蛋白亦稱為水通道，可讓水分傳輸到最需要水分的區域；因此，它有助於使水合作用達到最佳化。
DayMoist CLR	Hydrolyzed Starch Beta Vulgaris(Bet) Rot Extracteo	在單次搽抹使用之後，立即且持久的功效： ・提高含水量： 3～5%：24小時。 1%：8小時。 ・在24小時內，提高SC上層的NMF濃度。

(4) 除皺原料：

英文商品名	INCI NAME	功能
MPC-Milk Peptide Complex	Whey protein	再生效果 ・淡化皺紋。 ・促進ECM生物合成緊實效果。 ・增加緊實度。 ・增加皮膚厚度。 ・可以偵測真皮結構的改善。
SYN-AKE	Tripeptide	毒蛇抗皺血清 在這種毒蛇血清中含有Waglerin 1蛋白，此蛋白專門作用於肌肉煙鹼乙酰膽鹼突出膜（mnAChR），以達到抑制神經肌肉收縮之作用。透過高科技生化手段，模仿有效分子蛋白（Waglerin 1）的片段合成得到小分子三肽，因此其化學結構與毒蛇血清相似，並可安全應用到化妝品中。 功效 1.控制神經肌肉收縮，特別針對表情皺紋。 2.作用28天，皺紋深度迅速減小52%，肌膚平滑度增加36%。 3.生化高科技合成三肽Beta-Alanine-Proline-Diaminobutoacid，結構類似毒蛇血清蛋白。
Vit A Like LS9737	Vigna Aconitifolia Seed Extract	1.使用於抗老化肌膚照護方面，用以替代維他命A衍生物。藉由改善細胞間的聯繫，刺激細胞再生及更新，促進由纖維母細胞而來的HGF生成，刺激膠原蛋白合成、減少皺紋。 2.促進由纖維母細胞而來的HGF生成。HGF（肝細胞生長因子Hepatocyte Growth Factor）已知對真皮層纖維母細胞分泌而來的表皮角質細胞增殖有刺激作用。
CIC2	*Crithmum maritimum callus culture filtrate*	1.從*Criste Marine*（海茴香）取得幹細胞。 2.利用新技術製造的幹細胞的優點： (1)調節皮膚黑色素的失調恢復皮膚抗氧化的保護能力。 (2)促進皮膚傷口癒合（品質和速度）。 (3)調節表皮層內角質細胞分裂、移轉、脫落等功能能維持皮膚生長和加強皮膚保護。 ⇨ 此種幹細胞能和皮膚細胞結合。

專題討論

爽身粉安全嗎？

2018年美國22名婦女控告嬌生（Johnson & Johnson）生產的爽身粉產品含有石棉，致使她們罹患卵巢癌，密蘇里州法院裁決嬌生必須賠償46.9億美元，此事件似乎說明長期擦爽身粉會罹患癌症？

原案是說22名原告婦女和家庭表示，使用嬌生爽身粉和其他含有滑石的產品長達數十年，因而罹患卵巢癌。原告主張嬌生至少自1970年代起便明知滑石產品遭受石棉汙染，卻沒有警告消費者相關風險。嬌生否認滑石產品致癌和產品含有石棉的指控，並表示數十年的研究顯示，公司的產品安全無虞。在更早之前加州法院2017年裁決嬌生被裁決4.17億美元罰金的紀錄，不過嬌生後來上訴成功。

爽身粉安全嗎？這答案目前似乎還沒確定，不過長期使用的風險確實是較高的。

課後練習

1. 化妝品原料分為哪三大類別？舉例說明。
2. 界面活性劑分為哪類？舉例說明其間差異性？
3. 具有美白功效的原料一般具有哪幾種特性？
4. 防腐劑或稱保存劑是保養品中常被添加的原料成分，目的為何？

第三章

保溼單元

功效性原料的介紹

在第一章介紹了化妝品組成主要分爲基質原料、輔助原料及功效性原料。對於基質原料中重要及常被使用的油脂部分及輔助原料中很重要的界面活性劑有較詳細的描述，而功效性原料在政府法規上有所規定的使用原料及上限也已列表描述。然而，功效性原料之被法規上所規定限量使用、功效性是各化妝品廠商主要廣告或產品的訴求、使用的消費者評估使用後的效能及改善成果，無不因爲功效性的化妝品不再只有清潔的功用，對於皮膚狀況的改善：例如緩和乾燥皮膚引起的搔癢、皮膚皺紋的減緩、避免皮膚的曬黑、黝黑的膚色能夠白皙等，因此，從第三章起到第六章將分別對於保溼（第三章）、防曬（第四章）、美白（第五章）、抗老化（第六章）等分別以引起的原因、改善的機制及使用的功效性原料進行簡略的說明，希望讀者邊使用化妝品保養自己的皮膚也能對於自己使用的產品及皮膚改善機制能更進一步了解。

許多皮膚病與表皮的屏障功能障礙有關。當表皮屏障功能產生障礙就會引起皮膚的保存水分的能力降低，進而丟失大量水分，當皮膚丟失大量水分就會發生皮膚的一些病症，因此，應用保溼化妝品既可以保護健康、正常皮膚，預防皮膚病症，因而還能治療皮膚病。

人類的皮膚（圖3.1）由上到下分爲表皮、眞皮及皮下組織，而表皮再細分由下到上可分爲基底層、有棘層、顆粒層、（透明層）及角質層，角質層是在表皮的最外層，它由20層左右扁平、無核的角質細胞緊密排列而成。角質細胞內含有角蛋白纖維。在有棘層到角質層之顆粒層能分泌角質層脂質，角質形成細胞間的脂質中含有天然保

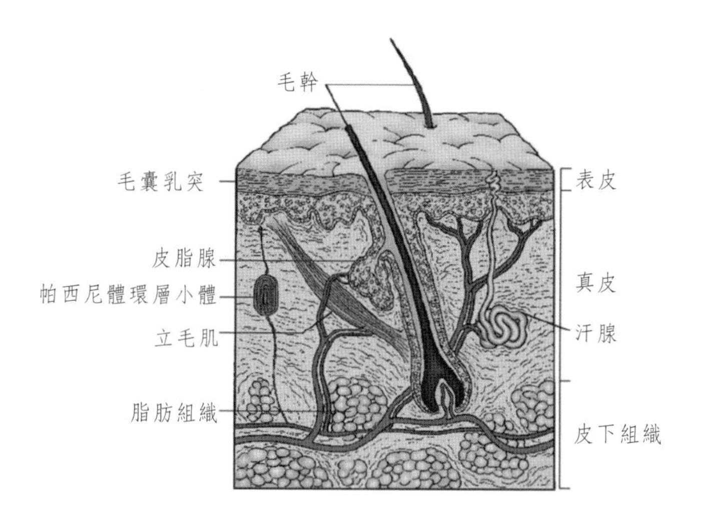

圖3.1　皮膚的構造與組成（Copy from Miranda A. Farage, K. W. M., Howard I. Maibach, *Textbook of Aging Skin*. Springer: 2010; p 1220.）

溼因子。天然保溼因子是一種複合體，它含有氨基酸，吡咯烷酮羧酸（PCA）等（表3.1）。它們在保障皮膚正常的屏障功能，能防止外界的化學、物理、微生物等的侵犯。對於皮膚屏障上起重要作用。

表3.1　天然保溼因子（NMF）

成分	含量（%）
氨基酸	40.0
吡咯烷酮羧酸（PCA）	12.0
乳酸鹽	12.0
尿素	7.0
氨尿、酸葡萄糖胺、肌酸	1.5
鈉	5.0
鈣	1.5
鉀	4.0

成分	含量（%）
鎂	1.5
磷酸鹽	0.5
氯化物	6.0
糖有機、鹽、胜肽	0.5
未定物	>8.5

From中國美容醫學2000，第九卷第一期，P.67

當皮膚屏障功能發生障礙，角質形成細胞的更換時間（即從基底細胞分裂，分化到角質細胞）就會縮短，出現粗製濫造角化不全的細胞，就會發生乾燥、鱗屑和龜裂。皮膚貯存水分占全身近20%左右，其餘的水分均勻地分布在肌肉、全身所有的內臟和血液中。皮膚的水分主要貯存在真皮中，角質層含水量占表皮的20～35%，如果角質層含水量低於10%就會發生皮膚病。嬰幼兒皮膚中的含水量相當高，可高達40%左右，所以嬰幼兒皮膚看起來非常稚嫩、富有彈性。婦女皮膚含水量比男性高，可高達20%，所以女性皮膚看起來豐滿、亮麗。年輕人皮膚含水量比老年人高。老年人皮膚含水量不足18%，老年人皮膚看起來乾燥、無光澤。因此，皮膚中水分的多寡是首先會影響皮膚健康的因素。

表皮屏障功能障礙引起的原因有許多因素

1. 屏障功能破壞：外源性因素如各種刺激劑（如用過多的肥皀，過多的洗滌，外界環境過於乾燥）。內在性因素如表皮細胞間的間質受到破壞、細胞與細胞間的黏接性喪失、表皮角質形成細胞排列紊亂或真皮和表皮內的水分大量逸出。皮膚失去水分後皮膚就乾燥、缺水、龜裂、鱗屑，嚴重者發生皸裂、出血。

2. 黏合作用破壞：表皮角質形成細胞的細胞與細胞之間有細胞間質起黏合作用。一旦表皮屏障功能障礙，細胞間質遭到破壞、丟失，黏合力消失，角質形成細胞就會脫落。眞皮內和表皮水分丟失，皮膚乾燥，表皮細胞更換時間就會縮短。大量角質細胞不斷地脫落，這就成了牛皮癬（或稱爲銀屑病、乾癬）。
3. 保溼功能喪失：當表皮屏障功能喪失，大量水分丟失，造成皮膚乾燥、鱗屑、龜裂。這就是爲什麼皮膚瘙癢症主要發生在冬季。爲什麼牛皮癬冬季發病或加重，而夏季減輕或自癒。爲什麼現在的家庭主婦富貴手的發病率那麼高，主要就是因爲表皮屏障功能喪失，在日常生活中廣泛或頻繁地使用各種清潔劑、去汙劑、消毒劑等，在不知不覺中破壞了皮膚保溼功能。例如，當主婦富貴手發生後，她們不知原因爲何，還在不斷地使用清洗劑、肥皂等化學物品，以致於病情加重或很難痊癒。
4. 皮膚衰老：表皮、眞皮水分大量丟失，表皮細胞層次變薄，眞皮內的膠原纖維減少，排列紊亂。皮膚缺少水的滋潤，皮膚乾燥，因而出現皮膚老化，缺乏彈性，產生皺紋。進而發生皮膚灰暗，色素沉著和發生各種老年疣。
5. 皮膚敏感性增加：因爲皮膚屏障功能障礙，皮膚完整性被破壞，因而對外界環境中各種物理，化學，微生物的刺激敏感性增高。由此引起皮膚病和皮膚乾燥症、皮膚瘙癢症、溼疹、異位性皮炎、銀屑病等。這些疾病可以歸結爲乾燥性皮膚病，因此，修復皮膚屏障功能是處理皮膚問題的首選，而修復皮膚屏障功能最簡單的方法是外用保溼劑。

什麼是保溼化妝品？

凡是加有保溼劑，能增加皮膚水分、溼度的就是保溼化妝品。保溼化妝品主要的是修復表皮屏障功能，增加表皮的含水量。確切地說主要還是增加角質細胞的含水量。

保溼劑的原料相當豐富，劑型繁多。它們可以用動物油、植物油、礦物油、人工合成油和各種蠟。它們可以配成潤膚水、潤膚霜、和潤膚凝膠等。當保溼劑塗抹上皮膚上之後就能在皮膚表皮上覆蓋形成一保護層，把水分留在表皮中。因而可以改善乾燥、脫屑、龜裂和皸裂的現象，但它們不是從根本上修復表皮屏障功能，而只是把水分擋住，不讓逸出表皮。筆者就曾在國外因爲當地氣候乾燥而造成皮膚搔癢不止，購買當地保溼保養品來改善搔癢狀況，但效果有限，因此就塗抹橄欖油，讓油酯阻斷皮膚與外界乾燥環境，相對擋住了皮膚水分流失，而改善搔癢、龜裂等問題。

開發保溼化妝品最好選用在正常皮膚中存在的天然保溼因子爲保溼劑的原料。作爲保溼化妝品的原料應具備以下特性：

(1) 有適度的吸溼能力。

(2) 且持續性的吸溼力。

(3) 吸溼力不易受環境條件變化（溫度、溼度、風等）的影響。

(4) 吸溼力能對皮膚以及產品本身產生保溼的效果。

(5) 揮發性愈低愈好。

(6) 與其他成分的共存性良好。

(7) 黏度適中，觸感討好，皮膚親和力佳。

(8) 盡可能無色、無臭、無味。

(9) 最重要的是要安全性佳。

因此，保溼劑之功能可分爲下列幾點：

(1) 幫助水分與皮膚的結合。

(2) 防止水分自皮膚表面蒸發。

(3) 在某些狀況，可吸引水分至皮膚表面。

(4) 防止化妝品乾裂。

目前保溼化妝品中常使用的保溼原料

老一代常用的化妝品保溼劑原料大多是屬於多元醇的保溼劑，例如甘油（丙三醇）、1,2-丙二醇、1,3-丁二醇、山梨醇、聚乙二醇。在多元醇的保溼劑中，以甘油的保溼效果最顯著，甘油爲無色、無臭、無味、黏稠良好的液體，爲價廉、穩定、有較強的吸溼性且被廣泛應用。1,2-丙二醇與甘油很相似，黏稠度明顯比甘油低而且有些帶甜味，也是無色、無臭、無毒、無刺激性，使用後皮膚有舒適感。1,3-丁二醇除有良好的保溼性外還有抑菌性。山梨醇爲白色、無臭結晶粉末、無毒、溶於水、化學性能穩定，具有良好的保溼性，其保溼能力與甘油相同，因有微甜清涼的良好口感也常用於牙膏中。

吡咯烷酮羧酸鈉它是天然保溼因子中主要成分，爲無色、無臭、略帶鹹味的液體，有良好的吸溼性，其吸溼能力遠比甘油、丙二醇、山梨醇爲優，對皮膚無刺激性，故廣爲應用。聚乙二醇它是屬於高分子量的保溼原料，分子量愈小保溼性能愈好，國外著名外用藥用它作基質，故廣泛應用於保溼化妝品中。乳酸鈉它是天然保溼因子中主要成分，有良好的保溼性。

新一代保溼劑有神經醯胺、透明質酸、幾丁質和幾丁聚糖神經醯胺占角質層中脂質的主要成分，它在保持角質層水分平衡上起極重要的作用，因爲神經醯胺在皮膚角質脂質中占重要的比重，加入化妝品中有改善和調節皮膚細胞間質的組成和功能，是保持皮膚正常和健康非常重要物質，故在保溼化妝品中已廣泛應用。透明質酸（玻尿酸）是白色無定形固體，有極強的吸溼能力，因爲它的高黏稠度能結合大量的水，所以加有透明質酸的化妝品能使皮膚吸水，富有彈性和光滑，可以延緩皮膚衰老。幾丁質和幾丁聚糖是從甲殼類動物如蟹、蝦和昆蟲的硬殼這一廢物中提取出來的甲殼質，它有良好的吸水性，成爲化妝品中天然添加劑。

課後練習

1. 皮膚由上到下分爲哪三層？
2. 表皮細分由下到上可分爲五層？
3. 保溼化妝品的原料應具備哪些特性？
4. 保溼化妝品中常使用哪些保溼原料？

第四章

美白單元

歷年來，東方女性崇尚的肌膚是「膚如雪、凝如脂」，因此，東方人希望透過美白護膚品的使用而得到潔白的皮膚，但是對於歐美膚色白皙的消費者則是利用美白化妝品的主要功效來減輕和消除老化現象。近年來隨著經濟的發展和生活水準的提高，人們愈來愈重視皮膚的保養，因此黃種膚色的亞太地區民族的傳統審美觀認爲白的膚色是美麗健康的代言而使美白化妝品市場日趨活躍，產品銷售與日俱增，已成爲護膚化妝品的主流產品之一。

隨著年代的演進，科學的進步，過去對於臉部色素的沉著，是在臉部塗層粉底來遮蓋，到現在對於黑色素（melanin）代謝過程愈益了解，開始發展能徹底抑制體內黑色素生成、調節黑色素在角質細胞中分佈的製劑，進而從深層次的生理變化達到整體皮膚白哲、去斑以及防止色素沉著產生的功效。

皮膚的顏色除了因爲天生的遺傳因素造成的固有皮膚顏色外，皮膚血流的顏色、皮膚的厚薄，角質層和顆粒層等皮膚組織上的差異、皮膚中胡蘿蔔素的含量、內分泌因素、紫外線照射、Vit-A缺乏、微量元素影響黑色素代謝中的酶的作用等亦會造成膚色的變化。其中最主要影響因素取決於人體內黑色素的含量及分佈。黑色素是屬於高分子量的生物色素，它是決定人類頭髮、皮膚和眼睛等顏色的主要色素。

黑色素是在黑色素細胞內所產生，然後經由樹枝狀管運輸到角質形成細胞內，轉移至角質細胞的黑色素顆粒隨表皮細胞上行至角質層，最後隨角質化細胞脫落而排泄，但當黑色素增長過速和分布不均時，就會造成局部皮膚過黑及色素沉著等現象。人體內的黑色素一般分爲兩大類：第一類爲黑／棕色的優黑色素（eumelanin），又稱爲眞黑色素，爲黑、褐色色素不溶於水、酸性溶液的多聚體，耐化學處理，在黑色的頭髮和眼睛中就大量含有這種黑色素。第二類爲紅／黃色的脫黑色素（pheomelanin），又稱褐色素，爲紅色和黃色色素，能溶於鹼性溶液，在紅色和金色毛髮、藍眼睛中大量存在。皮膚中的優黑色素和脫黑色素這兩種黑色素均能吸收紫外線將日光中的有害光線過濾，消除紫外線引起的自由基，防止彈力纖維變性所致皮膚老化，有防曬、保護和減輕日光造成的生物損害的作用，能保護DNA使其免受有害因素引起的致突變效應，從而降低皮膚癌的發生率。因此，皮膚的黑色素可以說是抵禦外來環境（紫外線）的最佳功能，但是人類爲了得到潔白的肌膚，盡量減少或避免黑色素的形成而製造的美白產品似乎與黑色素最初的功能產生衝突，是値得沉思的。

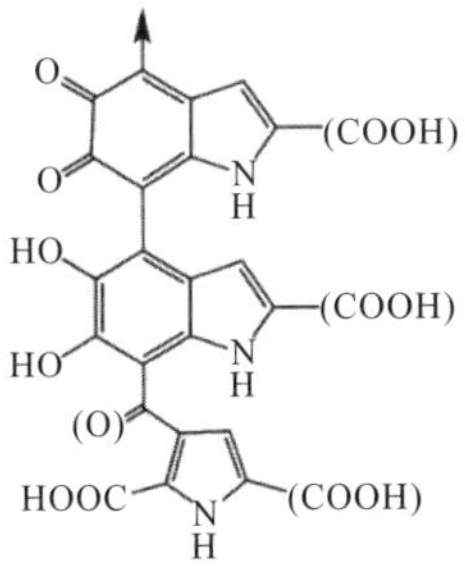

優黑色素 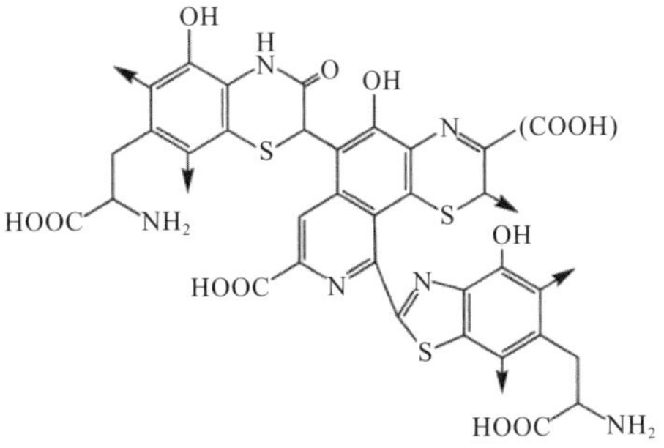　　　　脫黑色素

黑色素的合成必須有3種基本物質：酪氨酸、酪氨酸酶和氧，目前公認的黑色素合成途徑（圖4.1）在黑色素形成過程中酪氨酸酶是很重要的限速酶，酪氨酸酶活性大小決定著黑色素形成的數量，當酪氨酸被氧化型酵素酪氨酸酶氧化形成多巴（DOPA），再氧化形成多巴醌（Dopaquinone），很快經由穀胱甘肽（glutathione）及半胱氨

酸（cysteine）的參與形成優黑色素與脫黑色素，目前較新研究表明在形成黑色素的途徑中，除了酪氨酸酶是重要的關鍵外，酪氨酸酶相關蛋白質型1（tyrosinase related protein-1, TYRP-1）及酪氨酸酶相關蛋白質型2（tyrosinase related protein-2, TYRP-2）兩種酶也起作用，即所謂的三酶理論。

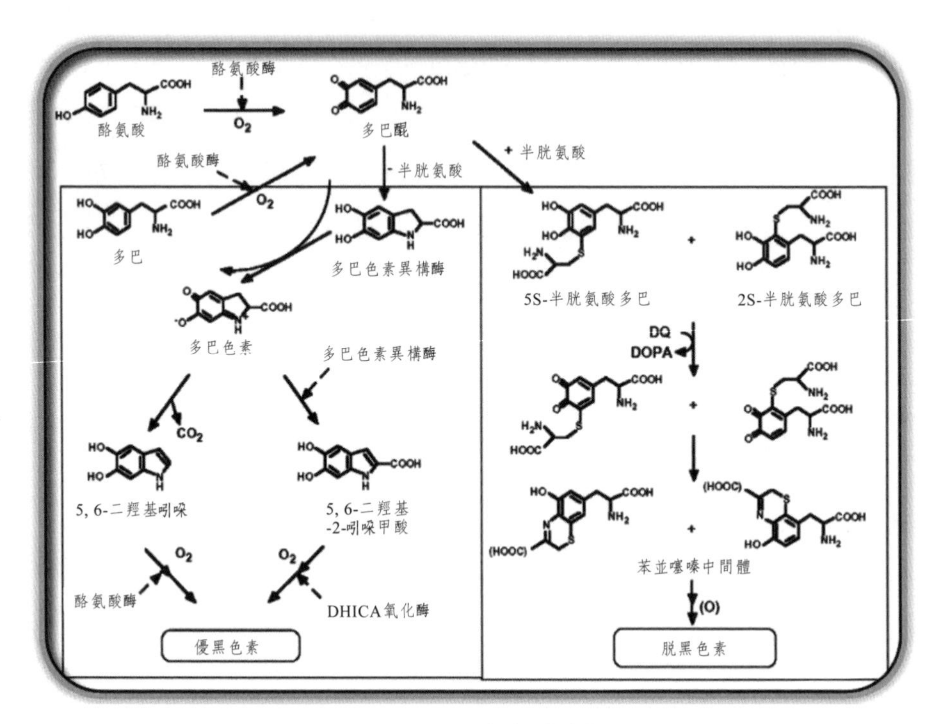

圖4.1　黑色素合成途徑

黑色素是影響皮膚膚色的首要因素，因此調控黑色素的合成因素就顯得相當重要，比較重要調控黑色素的合成因素有：

1. 激素的調節作用：具有調節作用的激素主要包括促黑素細胞

激素（MSH）、促腎上腺皮質激素（ACTH）和雌激素。

2. 細胞因子的調節作用（圖4.2）：能夠促進黑色素細胞生長、存活的因數有：鹼性成纖維細胞生長因子（bFGF）、神經細胞生長因子（NGF）等；而抑制黑素細胞增殖，使酪氨酸酶活性降低的有白細胞介素-1a/b（IL1a/b）、白細胞介素-6等。

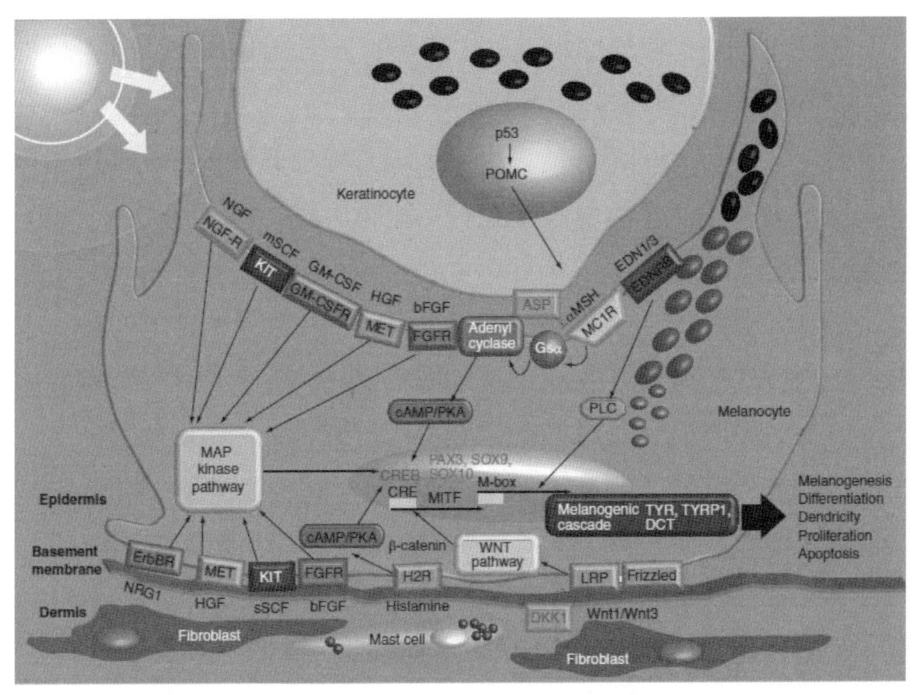

圖4.2　調節黑色素細胞功能的因素和信號傳導途徑。

3. 黑素細胞功能異常的原因：紫外線可直接刺激黑色素細胞，使黑色素細胞樹突增多，或口服避孕藥、妊娠、內分泌失調等。

目前美白劑主要透過以下兩個途徑達到美白、去斑的目的：

1. 透過抑制酪氨酸酶活性或者阻斷酪氨酸生成黑色素的氧化途徑，從而減少黑色素的生成達到美白皮膚的效果。可以分爲四種方式：①皮膚美白劑作用在黑色素細胞中黑色素生合成途徑的各點上，防止黑色素的生成。②阻止甚至逆向黑色素的生合成，使人的皮膚美白或色素變淺。③抑制酪氨酸酶活性——目前市場上銷售的許多美白、去斑化妝品都是以此爲主。④另外就是抑制TYRP-1及TYRP-2這兩種酶的作用，同樣可以減少黑色素的生成。
2. 另一主要途徑是促使已生成的色素排出體外，從而減少黑色素在皮膚上的影響。可以分爲兩種方式：①黑色素、脂褐素和血紅素，在一定條件下會自行向角質層逐漸轉移，最終隨著老化的角質細胞脫落而排出體外，爲了加速這一排出過程，常在配方中使用一些皮膚細胞更新促進劑，如果酸、維生素等。②另一種是色素在皮膚內被分解、溶解、吸收後，在體內經血液循環系統排出體外。因此，具備美白去功功效的活性成分應具備以下一種或幾種功能。
   (1)抑制黑色素細胞增殖。
   (2)抑制黑色素形成：抑制酪氨酸酶、TYRP-1及TYRP-2的活性。
   (3)抑制黑色素顆粒轉移至角質細胞。
   (4)加速角質細胞中黑色素向角質層轉移；軟化角質層和加速角質層脫落。
   (5)減少紫外線、氧自由基等對黑色素形成生理過程的負面影響。

經過大量的研究，根據其作用原理，目前開發出許多皮膚美白劑，大致可分爲以下幾點：

1. 酪氨酸酶活性抑制劑：熊果素、曲酸、氫醌等。
2. 黑素運輸阻斷劑：維生素A酸和壬二酸等。
3. 自由基清除劑：超氧化物歧化酶、生育酚等。
4. 防曬劑：對氨基苯甲酸酯類、肉桂酸酯類、二苯甲酮類等。
5. 皮膚剝脫劑：果酸、A酸等。
6. 還原劑：維生素C、維生素E及其衍生物等。

皮膚美白劑按其原料來源分爲合成、生物發酵和動植物提取三類，其中合成品及生物發酵美白劑，由於純度高、顏色淺和性能穩定占據美白劑的主要市場，植物來源的美白劑由於迎合人們的安全需求而成爲近年來研究、應用的焦點之一。

美白產品的主要成分：

1. 麴酸（Kojic Acid）及麴酸衍生物（Kojic Dipalmitate）。
2. 對苯二酚（Hydroquinone）及其配醣體——熊果素（Arbutin）。
3. 左旋Vit-C及其衍生物（L-ascorbic acid and its derivatives）。
4. 果酸（a-Hydroxy acids, AHAs）。
5. 水楊酸（Salicylic Acid）。
6. 杜鵑花酸（Azelaic Acid, AZA）（壬二酸）。
7. Vit-A及其衍生物。
8. 美白覆蓋劑。

當前法規所核准的美白原料只有13種。

成分	常見俗名	限量	用途
1.抑制黑色素形成			
Arbutin（熊果素）	熊果素	7%	美白（製品中所含之不純物（Hydroquinone）應在20 ppm以下）
Kojic acid（麴酸）	麴酸	2%	美白
5,5’-Dipropyl-Biphenyl-2,2’-diol	二丙基聯苯二醇	0.50%	抑制黑色素形成、防止黑斑雀斑（美白肌膚）
Cetyl Tranexamate HCl	傳明酸十六烷基酯	3%	抑制黑色素形成及防止黑斑雀斑，美白肌膚
Tranexamic acid	傳明酸	2.0～3.0%	抑制黑色素形成及防止色素斑的形成
Potassium Methoxysalicylate（Potassium 4-Methoxysalicylate）（Benzoic acid, 2-Hydroxy-4-Methoxy-, Monopotassium Salt）	甲氧基水楊酸鉀	1.0～3.0%	抑制黑色素形成及防止色素斑的形成，美白肌膚
Ellagic Acid	鞣花酸	0.50%	美白
Chamomile ET	洋甘菊精（暫譯）	0.50%	防止黑斑、雀斑
2.兼具抑制黑色素形成與促進已產生的黑色素淡化			
3-O-Ethyl Ascorbic Acid（L-Ascorbic Acid, 3-O-Ethyl Ether）	3-O-乙基抗壞血酸	1.0～2.0%	抑制黑色素形成及防止色素斑的形成，美白肌膚
Ascorbyl Tetraisopalmitate	抗壞血酸四異棕櫚酸酯（脂溶性維生素C）	3.0%	抑制黑色素形成（含藥化粧品）
Magnesium Ascorbyl Phosphate	維他命C磷酸鎂鹽	3%	美白
Sodium Ascorbyl Phosphate	維他命C磷酸鈉鹽，抗壞血酸磷酸酯鈉	3%	美白
Ascorbyl Glucoside	維他命C醣苷	2%	美白

1. 麴酸（Kojic Acid）及其衍生物

麴酸及其衍生物的美白機理是與酪氨酸酶中的銅離子螯合，使銅離子失去作用，進而使缺少銅離子的酪氨酸酶失去催化活性，達到減低黑色素形成的量而具有美白作用，同時麴酸具有抑制TYRP1、TYRP2作用，不過麴酸的穩定性較差，對光、熱較敏感，容易氧化、變色，因此人們開發了麴酸衍生物來改進它的使用性能。

2. 熊果素（Arbutin）

熊果素可從植物提取、植物組織培養、發酵法及有機合成方式得到。其中利用合成得到成品由於其純度高、色澤淺在市場上占主導地位。在不同研究中顯示熊果素對於酪氨酸酶抑制率IC50值爲麴酸的2～10倍，對抑制黑色素合成的效果較麴酸、Vit-C強。因爲熊果素與對苯二酚的結構只差了一個葡萄糖基，因此，不同pH值下會將熊果素分解成對苯二酚，造成美白產品被檢驗出違法添加對苯二酚的消息，此點是添加熊果素美白產品在配方及生產製造時要留意的。

3. 左旋Vit-C（L-ascorbic acid）

左旋Vit-C又稱抗壞血酸（ascorbic acid），可以使黑色素合成減少（還原作用），左旋Vit-C在鹼性溶液中易氧化，遇空氣或加熱都易變質，因此，市面上人們開發出的vit-C脂肪酸酯和VC磷酸酯鎂鹽等可以避免這些缺點。

4. 果酸（fruit acid, alpha-hydroxyl acid, AHA）

果酸是屬於皮膚剝脫劑，天然果酸中有乳酸、蘋果酸、水楊酸及其衍生物，可軟化表皮角質層，使皮膚角化層細胞黏連性降低，分裂加快，使老化、堆積的角質層細胞脫落，因此，會使皮膚美白紅潤、消除皮膚皺紋、增加皮膚彈性，低濃度可使皮膚角質層剝落，高濃度可使表皮剝落。

5. 水楊酸（Salicylic Acid）

水楊酸是屬於皮膚剝脫劑，水楊酸軟化表皮角質層，促進角質間的黏連性降低，使角質層產生脫落，可以去除多餘的角質層，同時促進表皮細胞快速更新。

6. 杜鵑花酸（Azelaic Acid, AZA）

杜鵑花酸又稱為壬二酸是屬於黑色素運輸阻斷劑，它可以阻斷黑素在黑素細胞內的正常運輸，從而阻止黑色素與蛋白質基質的自由結合，減少黑色素小體的形成，杜鵑花酸與維生素A酸結合使用，比單獨使用杜鵑花酸美白皮膚的效果更好。

7. Vit-A及其衍生物

Vit-A及其衍生物在美白化妝品上主要是加快表皮細胞更新作用，使皮膚表面的黑色素顆粒脫落，大部分於使用後第一個月最明顯，此後逐漸減輕，使用濃度不宜超過0.3%。

8. 美白覆蓋劑

一般常用的美白覆蓋劑有二氧化鈦、氧化鋅、滑石粉、高嶺土等，它的作用並沒有改善皮膚黑色素的減少，而是利用其粒子大小及其顏色的特性（偏白色），覆蓋在皮膚上，使化妝品達到暫時性改變皮膚顏色的效果。二氧化鈦、氧化鋅亦是用來當成防曬化妝品中使用的物理性防曬劑，其與當成美白覆蓋劑的主要差別是防曬化妝品中使用的二氧化鈦、氧化鋅的粒子大小為奈米級（nm）而美白覆蓋劑中使用的二氧化鈦、氧化鋅的粒子大小為微米級（um）。奈米級的粒子因爲其粒子顆粒小，折射散射效果好，透明度高，較不會像微米級的粒子當成美白覆蓋劑，塗抹在皮膚上能遮瑕但是卻造成塗抹部位有厚實感。

註：當前法規核准13種的美白原料，但是有許多新興的新原料被研發及使用，主要是從天然的植物中提取。

專題討論

2013年杜鵑醇（Rhododendrol）化學名稱爲4-(4-hydoroxy phenyl)-2-butanol，簡稱4-HPB，爲日本佳麗寶公司獨自研發，並於2008年獲得日本厚生勞動省認可並公告爲藥用美白成分，TFDA也於2010年12月28日核准此成分當作含藥化妝品美白成分，使用限量爲2%以下，但是在2013年7月發生許多使用杜鵑醇導致化學性白膚症事件之後，TFDA於同年9月9日宣布此成分禁用於台灣的化妝品。

爲何此物質經過細胞及人體實驗仍發生白斑症？它的作用機制爲何？這是近期研發新功效原料的成功的例子也是失敗的例子，讀者若對於此過程想進一步了解，可以參考邱品齊醫師於部落格中的說明（https://skindocchiu.pixnet.net/blog/post/153573456）。

課後練習

1. 影響皮膚顏色的有哪些因素？
2. 請說明黑色素合成途徑。

3. 美白劑是如何達到美白、去斑的效果？
4. 美白化妝品中美白的主要成分爲何？

第五章

防曬單元

亞洲人對於白皙的膚質，有某種程度的喜好，對美白化妝品有相當程度的愛好。相對來說，西方國家的白種人，由於本身的膚色關係，美白對於白種人來說不是那麼重要，他們還希望將皮膚曬成健康的古銅色。而稱爲「黑珍珠」的黑種人當中，因爲其本身存在的黑色素過多，美白對於黑種人沒有太大程度的改善，但是，不管是黃種人、白種人和黑種人或其他有色人種，每天都會接觸到紫外線輻射。所以，對於防曬產品需求相對於美白產品來說更顯出其重要性。又隨著臭氧層空洞的形成，到達地面的紫外線不斷增多。紫外線可引起皮膚曬傷、曬黑、色素沉著、皮膚光老化、光敏感性皮膚病、DNA損傷、甚至皮膚癌等，人們對於紫外線所引起皮膚傷害的認識愈來愈了解，保護皮膚免受紫外線的傷害已經受到全球的廣泛關注，防曬化妝品的需求亦迅速增加。

一、紫外線的簡介

陽光是每天接觸的光線，在不同波長下的光線中，在陽光中約占6.1%的紫外線是對皮膚最具損傷能力的。而紫外線的波長範圍是從200到400 nm，將紫外線（UV）再細分可以分爲UVA、UVB、UVC三個波段，如圖5.1所示UVC的波長介於200～280nm，因爲波長短能量比較大，因而對皮膚的傷害比較大，由於地球表面的臭氧層會吸收UVC，因此減低對皮膚的傷害。但是近年來，因爲地球臭氧層的破壞，使UVC穿透大氣層造成對人類健康的危害增加。UVB波長是介於280～320 nm，被稱爲「曬傷光線」，紫外線中UVB大概有4%到5%照射到達皮膚表皮層，引起皮膚曬傷（sunburn），其主要作用在皮膚的表皮基底細胞層。而紫外線中照射到人體有90%是UVA，UVA波長是介於320～400 nm，為長波長又稱為「老化光線」，其可照射到達皮膚的表皮和真皮層，而UVA相較於UVB易導致皮膚立即性曬黑，造成表皮層黑色素增加。所以長期過度曝曬在UVA情況下，會破壞皮膚組織結構，使皮膚下垂而產生皺紋，造成皮膚過早老化。

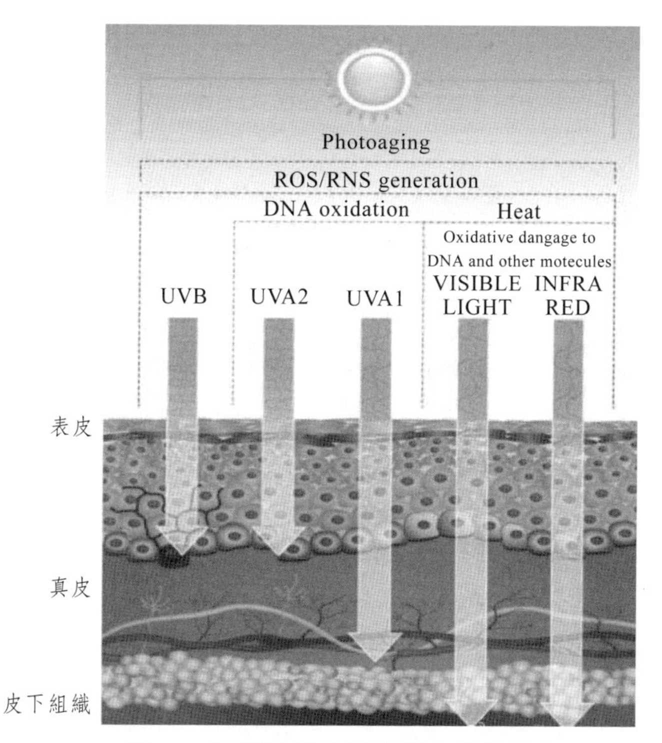

圖5.1　不同波長光線穿透皮膚的程度

紫外線輻射對皮膚的威脅是成正向性的，聯合國環境規劃署（UNEP）估計當臭氧層每減少1 %，則紫外線輻射增加1.4 %，皮膚癌罹患率相對增加。紫外線輻射的強弱也會隨著季節而變化，以台灣爲例，隨著春夏秋冬的變化，紫外線指數也不同，如圖5.2所示，在夏季來講，中央氣象局觀測站發佈的紫外線指數是最高的，屬於過量級；冬季則是最低，屬於微量級，而每日當中10點到下午2點間亦是紫外線強度最強的時刻，此時段皮膚的防曬就顯得相當的重要。

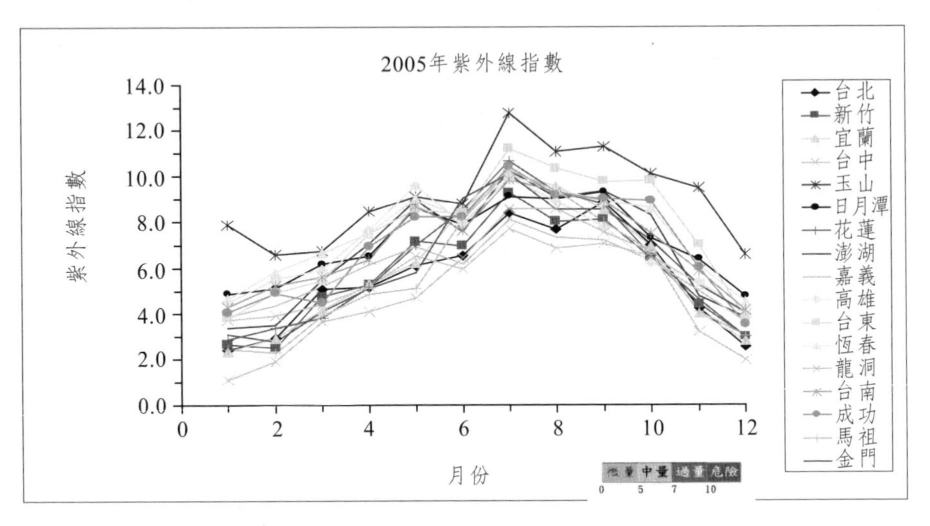

圖5.2　2005年由中央氣象局17處氣象觀測站所偵測到的紫外線指數

二、防曬的方法

西元五千年前，古文明國家把棉花、羊毛和亞麻等製成衣服，穿在身上來遮蔽太陽對身體的傷害。在中古世紀時，傘對埃及、美索不達米亞、印度、中國人是出門時保護皮膚遮蔽陽光器具。在西元1928年，美國首次將水楊酸苯酯和肉桂酸苯酯用於乳液類化妝品，作爲防曬劑。在二十一世紀的今天，雖然防曬劑的使用率普及，但是於樹蔭下、室內、穿著反射光線的衣物、撐傘及戴帽子仍是極被推薦防曬的方式。

在化妝品中所使用的防曬劑的目的在於防止紫外線所導致的皮膚的紅斑、曬傷、黑化與早期老化以及化妝品內容物及容器材質的色素的變色、原料的分解或變質等物理化學改變，因此，理想防曬劑應該要能吸收UV-B與UV-A波長範圍290～400 nm的紫外線。

化妝品所使用的防曬劑應具備：

(1) 無毒、安全性佳。

(2) 紫外線吸收力強且吸收範圍廣。

(3) 不會因紫外線或熱而產生分解等變質情況。

(4) 與其他化妝品原料的相容性良好。

而防曬劑依其作用的特性可區分爲化學性防曬劑（又稱有機防曬劑）和物理性防曬劑（也稱無機防曬劑）。化學性防曬劑的作用是利用化學物質本身可以吸收紫外線波段的輻射線將有傷害作用的短波（高能量）的UV射線（250～340nm）轉變成無害的較長波（較低能量）的輻射（一般在380nm以上），來減少紫外線對皮膚的傷害，根據防曬劑的結構差異性主要可分爲5大類：1.對氨基苯甲酸酯及其衍生物、2.水揚酸酯及其衍生物、3.肉桂酸酯類、4.二苯（甲）酮類化合物、及5.樟腦類衍生物等。而物理性防曬劑的作用是利用一些類似礦物粒子的性質，本身呈現不透明狀塗在皮膚上，對於照射到皮膚的紫外線產生折射和反射現象，來減少紫外線對皮膚的傷害。然而，市面上所販售的防曬劑中，不管是化學性防曬劑或物理性防曬劑所限定的含量也不同，其在不同的國家中，對於防曬劑所規範含量也有所不同，以台灣爲例，根據行政院衛生署所公布，化妝品含有醫療或毒劇藥品基準（含藥化妝品基準），一般限量在10%以下（請參考第二章功效性原料部分）。

三、化學性防曬劑的介紹

1. 對氨基苯甲酸酯及其衍生物（Para amino benzoate (PABA) and its derivatives）

$$\mathrm{R_2N{-}C_6H_4{-}C(=O){-}OR}$$

爲UVB吸收劑，含兩個極性較高的基團，所以形成分子間的氫鍵，溶水性較佳，但在成品中易變色，且易造成敏感，近年來較少使用，有些成品甚至標示不含PABA。

2. 水揚酸酯及其衍生物（Salicylates and its derivatives）

$$\mathrm{R{-}C_6H_3(OH){-}C(=O){-}OR'}$$

爲UVB吸收劑，由於空間排列使其分子內可形成氫鍵，水溶性的水楊酸鹽類對皮膚的親和性較好，對防曬品的SPF有增強作用，也可用於髮類製品。

3. 肉桂酸酯類（Cimmanates）

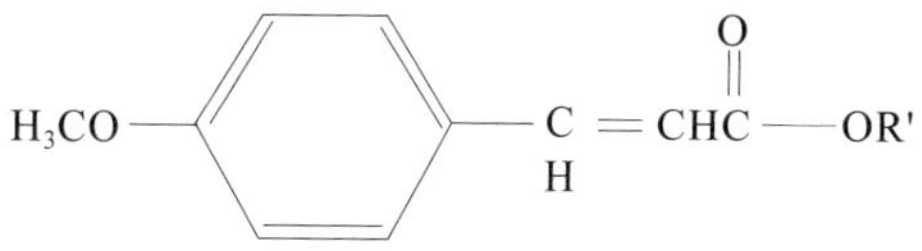

爲UVB吸收劑，辛-甲氧肉桂酸（OMC）爲目前全世界應用最廣的成分。分子中存在不飽和的共軛體系，體系中電子轉移相應的能量吸收的波長在305nm附近，不容易引起過敏反應。

4. 二苯（甲）酮（Benzophenones）類化合物

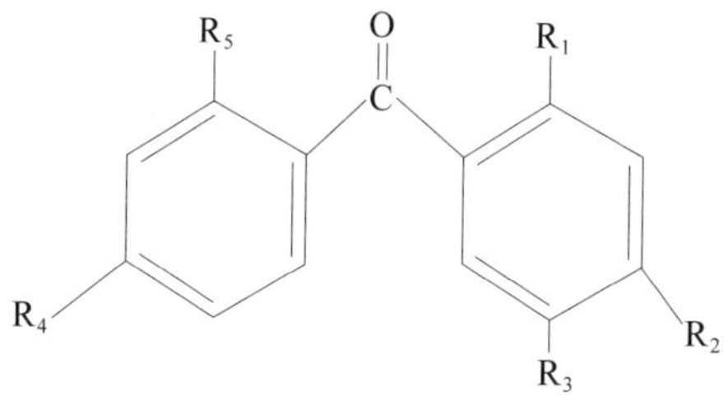

爲UVA及UVB吸收劑，此類化合物都是固體，在配方中都較難溶解，在極性溶劑中的λmax爲326nm，在非極性溶劑測量的λmax爲352nm。

5. 樟腦類衍生物（Camphor Derivatives）

爲UVB紫外線吸收劑，這類化合物吸收290～300nm的輻射爲主。

目前防曬劑仍是以UVB紫外線吸收劑爲主，陸續仍有新的防曬劑被研發，尤其是針對UV-A的化學性防曬劑。

四、物理性防曬劑的介紹

能反射和散射紫外線的化合物，例如：奈米級二氧化鈦。奈米級氧化鋅，奈米級二氧化鈦及奈米級氧化鋅是常見防曬乳液的主要成分之一，擦在臉上可形成保護膜，當陽光照在臉上時，紫外線會被這層保護膜反射或散射到空氣中，一般二氧化鈦粉體是微米或次微米級尺寸，呈現出白色化合物，擦在皮膚上會使皮膚變白，如果將二氧化鈦、氧化鋅粉體奈米化後，就更緊密地連接在一起，除了可以有效隔離紫外線外，奈米粒子可以讓可見光通過，因此臉上的保護膜呈現透明無色，不用擔心變成大白臉，又因奈米級二氧化鈦、氧化鋅對於抗紫外線效能高於傳統的二氧化鈦、氧化鋅色料，是目前使用很普遍的物理性防曬劑，氧化鋅幾乎可以阻隔所有波長的UVA和UVB；二氧化鈦可完全阻隔UVB，但只能隔絕部分波長較短的UVA。

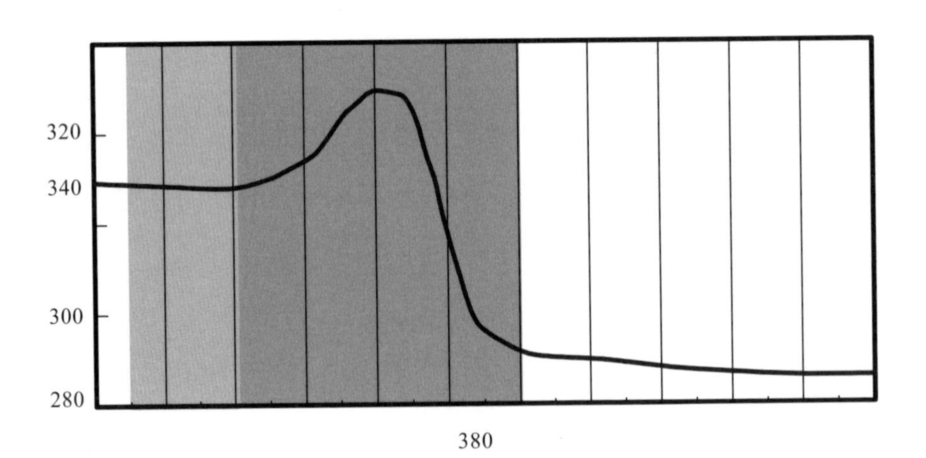

五、防曬係數的評價

到達地球表面的紫外線包括中波長的紫外線（UVB）和長波長的紫外線（UVA）。因此如何評估防曬化妝品的防曬效果，要從防UVB和UVA兩方面進行考慮。

I. UVB的防曬評價

對UVB（280～320nm）而言，主要用防曬係數SPF（sun protection factor）進行評價。SPF值的計算方法如下：

SPF=已被保護皮膚的最少紅斑劑量／未經保護皮膚的最少紅斑劑量

一般防曬用品上都可以看到SPF的標示。SPF（防曬係數）代表延長肌膚在紫外線下不被曬紅的時間之倍數。例如10分鐘內會被太陽曬紅，塗抹SPF 20的防曬乳，就會延長10分鐘的20倍，即200分鐘後才會被曬紅。

在實驗室人體背部皮膚進行SPF測試時，防曬化粧品使用量爲2mg/cm^2，但是人們在實際生活中的使用量僅爲0.05～0.75mg/cm^2。SPF值與使用劑量之間隨在著線性關係，防曬化妝品使用劑量愈少，SPF值愈小。因此，實際防曬效能會達不到產品之標示，況且消費者使用防曬化妝品時，會因各人使用量之差異或因流汗、衣服擦拭等影響，而使防曬作用大打折扣，達不到標示效果。

因此，人們在日常使用防曬化妝品的過程中，由於使用量低於防曬化妝品SPF值的實驗室測定劑量，所以難以達到預期的防護效果。所以在戶外活動時有必要及時補充防曬化妝品，同時也不要認爲自己塗抹了高SPF值的防曬化妝品，已經做好防護紫外線的工作，從而延長暴露於紫外線的時間，或者減少了採取其他防護紫外線的措施。

2. UVA的防曬評價

UVA的防曬效果評價，目前尚無公認的一致評價標准，1996年，日本化妝品工業協會制定了UVA評價系統標準，採用PFA法來評價皮膚免受UVA損傷程度的定量指標。

PFA=有保護皮膚的MPPD／未受保護皮膚的MPPD

MPPD（Minimum Persistent Pigment Darkening）產生黑斑的最少劑量。由於UVA引起紅斑需較長時才能發生，故評價防曬劑時UVA的作用可測定其光毒防護係數PPF（phototoxic protection factor），PPF值的計算方法：

PPF=利用遮光劑皮膚的MPD／未用遮光劑皮膚的MPD

即應用遮光劑與末用遮光劑最小光毒劑量（minimal phototoxic dose.MPD）的比值表示。

最小光毒劑量是試驗者用光致敏劑（常用補骨脂素）後的皮膚產生紅斑所需的最小UVA量，它反映的是防護UVA能力的大小。

2 < PFA < 4	PA+	有效
4 < PFA < 8	PA++	相當有效
8 < PFA	PA+++	非常有效

故，市面上的防曬化妝品都會標明SPF值與PA加號，用以說明對於UVB及UVA紫外線的防護能力，可以供消費者使用參考。

3. 另外，有兩種針對於UVA與UVB整體考量的表示法

A. Broad Spectrum Protection：在防曬產品的包裝上有時會看到「Broad Spectrum」這兩個英文字，它是美國食品藥物管理局

（FDA）制定了一套嚴格兼具對抗UVA和UVB的廣效域防曬乳的評比方法。一個防曬產品如果能阻擋越寬廣的紫外線波段，理論上防曬效果也會比較突出。

一般波長愈長的輻射線愈難被阻擋，因此多數防曬劑對於波長較短的UVB都有不錯的阻擋能力，但隨著波長增加，防曬劑的防護力就會下降，而到達某個波長時，整個防護力就會突然陡降。在這個防護力陡降時的波長，就被稱作「臨界波長」，臨界波長的吸光曲線下面積占總面積的90%，代表著防曬品的防護能力範圍，「臨界波長」愈長（數值愈大），就代表這個防曬劑的防曬廣度愈大。一般來說基本的防曬產品臨界波長要能達到370nm以上，就可以使用「Broad Spectrum」這個標示法。

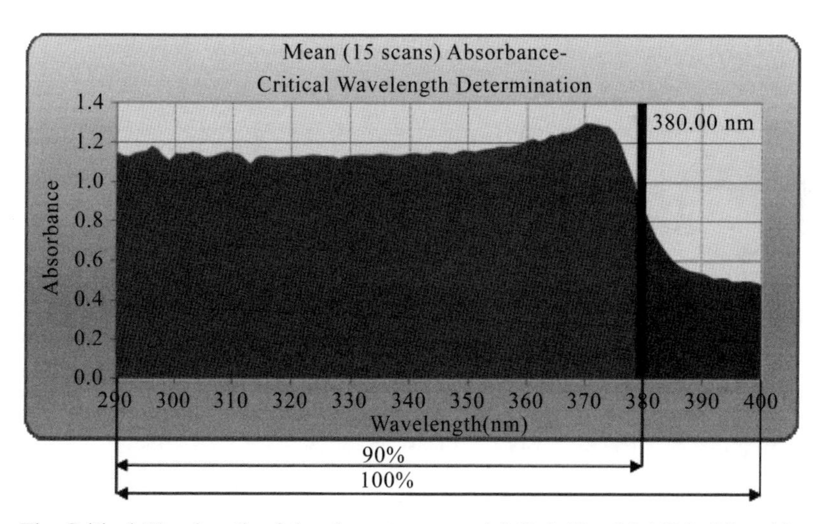

The Critical Wavelength of the above test material (Lab No.: M-4676; Client No.: Accession No.: 751630, Sunscreen, Formula: GSD) is 380.00 nm, and satisfies the criteria for “Broad Spectrum” labeling (minimum of 370 nm required).

防曬均勻度（Boots Star Rating）：防曬均勻度的指標，是指一個防曬品對於紫外線UVA與UVB的防護力是否一致有效。歐盟發展出一套標示方法，只要防曬品對UVA的防護力有UVB防護力的三分之一以上，就可以使用這個標示。

把UVA對UVB的比例更加細分成幾個等級。如果防曬劑對UVA的防曬力是UVB防曬力的20～40%，那就可以得到一顆星。以此類推，如果防曬劑對UVA的防曬力是UVB防曬力的90～100%，那就可以得到五顆星。所以星星愈多，代表防曬的均勻度愈好！

4. 什麼是SPF、PA+、CW、UVA *

從上述對於防曬標示做了一些介紹，下表則是從網路（http://www.geekyposh.com/your-ultimate-sunscreen-guide/）上擷取的資料，有興趣的讀者可以參考。

課後練習

1. 紫外線的從波長大到小，一般分為UVA、UVB、UVC三個波段，對皮膚有何傷害？
2. 如何防曬？
3. 防曬劑可區分為化學性防曬劑和物理性防曬劑，其防曬作用的特性為何？
4. 市面上防曬化妝品標示SPF與PA各是對誰的防護能力？

第六章

老化單元

衰老是人類生命過程中的現象，隨著醫藥的發達，人類的平均壽命比過往增加許多，於109年內政部公布「107年簡易生命表」，國人平均壽命爲80.7歲，其中男性77.5歲、女性84.0歲，顯示國人已愈來愈長壽。全世界經濟開發的國家均面臨人口老化的問題，台灣也不例外，因此，如何減緩老化現象是許多人的期待，也是化妝品產業開發中極重要的一環。皮膚的老化有許多的因素，包括內在及外在的原因，本單元首先說明皮膚的老化的特徵及內在、外在影響的因素，然後簡介抗衰老的途徑及一般化妝品常用抗衰老（除皺）的原料，供讀者參考。

一、皮膚老化特徵（表6.1）

人出生後皮膚組織日益發達，功能逐漸活躍，皮膚厚度在頭20年逐漸增加，但隨著年紀增長，皮膚厚度漸薄，年紀對於臉部、頸部、上胸部及四肢部位的外露性表皮（exposed epidermis）厚度影響最盛，而非外露性表皮（unexposed epidermis）厚度在30到80歲間約少一半（圖6.1）。皮膚在自然衰老過程中表皮層、眞皮層、脂肪層和皮膚附屬器中汗腺和皮脂腺都會發生變化。平均而言，表皮厚度每十年約減少6.4%，眞皮層厚度也隨著年齡增長而變薄，其中膠原蛋白及彈性蛋白減少量對皮膚厚度影響最大。皮膚的細胞也隨著年紀增長產生細胞型態及數目的變化。

表6.1　皮膚老化的特徵

皮膚老化的特徵
◆ 皮膚鬆弛
◆ 皮膚皺紋增加
◆ 皮膚的光澤、溼潤度降低
◆ 皮膚張力降低
◆ 皮膚紋路變粗
◆ 色素沉澱、色素斑增加
◆ 皮膚蠟黃
◆ 頭髮變少、失去光澤
◆ 白頭髮增加

資料來源：光井武夫，1992

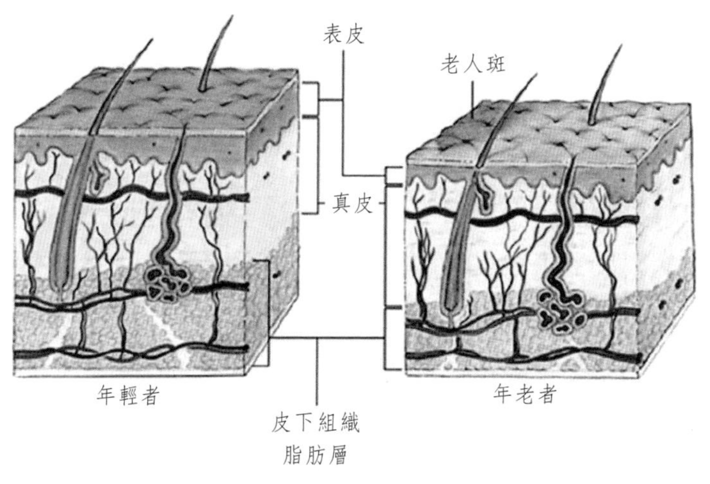

圖6.1　年輕及老化皮膚差異圖解

表皮層的變化：表皮隨年齡的增長，表皮層細胞數量減少，更新速率變慢，其中的基底層細胞大小不均，但細胞大小整體變大，顆粒層和有棘層的細胞個體及群體變小，角質細胞形狀改變，角化細胞因爲更新速率變慢而變大，角質細胞增殖速度下降使表皮變薄。皮膚水分含量也隨著年齡增長而減少，在角質層中減少比例最大，老化的皮膚，其細胞間質中天然保溼因子的含量下降，脂肪含量減少了65%；神經醯胺、三酸甘油酯及胺基酸含量也減少，因而，造成皮膚水合性下降，皮膚乾燥，失去光澤。

眞皮層的變化：在眞皮層中主要的細胞外基質成分：膠原蛋白、彈性蛋白及透明質酸含量皆減少。基質金屬蛋白酶（matrix metalloproteinases, MMPs）隨著年齡增長而漸增，而MMPs會降解膠原蛋白使其含量降低，損傷眞皮的穩定性；此外，在老化皮膚中，膠原蛋白纖維變粗且束成之膠原蛋白紊亂，降低皮膚的彈性；彈性蛋白也因老化而降解、鈣化、更新率降低。眞皮內的血管數量隨著年齡增加與皮膚衰老而減少，加上動脈硬化，血管壁增厚，管徑變窄，血液循環受影響。

脂肪層的變化：皮膚的皮下脂肪組織減少，臉、手及腳部位脂肪減少，大腿、腰及腹部則增加而皮膚附屬器官的變化——隨著年齡的增長，皮膚附屬器官中，汗腺和皮脂腺在衰老時的變化尤爲顯著。汗腺的數量減少，功能不全，造成汗液分泌下降；皮脂腺萎縮，分泌也減少，且成分也發生改變，造成了皮膚乾燥失去光澤，出現鱗屑。

二、皮膚老化因素

皮膚老化有很多影響因素，如：遺傳、環境（紫外線照射、外生性物質）、荷爾蒙變化及代謝過程等，這些因素累積後影響皮膚的結構、功能及外觀。依老化因素不同，可分爲內生性老化（intrinsic aging）及外生性老化（extrinsic aging）。

1. 內生性老化

又稱爲自然老化（true aging），此種皮膚的老化和整個各體的老化一樣，是一種不可抗拒的表現。目前推測有多種機制會導向內生性老化，如：細胞衰老理論、DNA修復機能衰退及端粒缺失、粒線體DNA點突變、氧化壓力、染色體異常、基因突變及荷爾蒙影響。

(1) 細胞衰老理論

當細胞進行一定數量的細胞分裂後，失去增生的能力而步向死亡。目前已知角質細胞、纖維母細胞及黑色素細胞皆有因繼代數累積後產生年齡相關之衰退、老化及死亡；從年紀大的捐贈者得到的皮膚細胞經培養後也有相同的現象。

(2) 端粒假說

端粒（telomere）位於染色體末端，主要結構是由一段5至8個核苷酸對組成的重複序列。端粒可保護染色體的完整性及防止染色體重組，但長度隨著每次細胞分裂而縮短，而端粒酶（telomerase）可維持端粒長度，當染色體尾端耗損時，端粒酶會介入，並且協助重建端粒，故當一般體細胞中端粒酶活性未被活化時，端粒長度將持續縮短，使細胞迎向老化而死亡。

(3) 粒線體DNA理論

粒線體內膜爲粒線體DNA合成處，此處也爲自由基產生地，因此易受到氧化壓力傷害，此外，粒線體DNA缺乏修補機制，一旦被破壞就難以回復，此傷害一旦累積到某種程度後，會使細胞生理機能下降、凋亡後呈現老化現象。

(4) 基因與突變

已有多項研究指出，單一基因突變會開啓老化的徵狀或過早衰老症候群（premature aging syndrome），但還未發現特定基因導致的老化現象，多是因爲缺乏修復機制。

(5) 自由基理論

因自由基帶有不成對電子，故具高度反應性，但在正常生理活性下，身體的抗氧化系統如：麩胱甘肽過氧化酵素、超氧岐化酶及過氧化氫酶等會加以抗衡自由基的傷害，但當此項恆定打破時，自由基將會攻擊體內重要生物分子，如蛋白質、脂質及DNA等，影響細胞分裂、生長，導致細胞凋亡與老化。

(6) 荷爾蒙影響

在人體老化的同時，荷爾蒙的分泌也有明顯的衰退，如：生長荷爾蒙（growth hormone, GH）、類胰島素生長因子（insulin-like growth factor-I, IGF-I）及性荷爾蒙（如：雄性激素、雌激素）的變化最爲顯著。

2. 外生性老化

是由環境因素所引起之老化，包括環境中的污染、有害物質及紫外線對皮膚所造成的傷害。

(1) 光老化（photoaging）

紫外線依波長的不同可分成三種，分別是波長320～400 nm的UVA、290～320 nm的UVB還有200～290 nm的UVC。UVB多作用在皮膚表皮上，造成角質細胞、黑色素細胞DNA損害，易引起皮膚紅腫曬傷，致癌性高；UVA能量最弱，但所占比例爲紫外線中最多，且可穿透表皮及眞皮，是造成皮膚皺紋形成老化主因。在外生性老化中，受紫外線影響所誘發的皮膚老化最爲顯著，又稱爲光老化。皮膚受UV照射後膠原蛋白部分分解、促進MMPs活性、產生活性氧化物

（reactive oxygen species, ROS），造成皮膚損傷，紫外線也對粒線體有顯著的影響，長期的紫外光曝曬引起大量的mtDNA突變，造成皮膚老化。

(2) 吸菸引起之皮膚老化

早至1971年，就有研究發現吸菸對皮膚的影響，皺紋爲吸菸者最明顯的外在特徵。菸中有害物質會直接傷害皮膚表皮，也會經由血液循環間接作用於皮膚眞皮中，菸中毒性物質會降低角質層含水量導致臉部的皺紋形成，抽菸時由於嘴巴會有噘起的動作，長久之下也可能導致眼角周邊及嘴唇附近產生細紋，而體外研究也發現，抽菸會降低膠原蛋白的生成、減少type I/III procollagen的產生，也會增加MMPs的表現。

(3) 其他影響

低溫潮溼、血液循環差、生活的壓力、生活不規律、睡眠不足、皮膚清潔不徹底、缺乏水分，也易使皮膚細胞衰老。

三、抗衰老對策及途徑

抗衰老有許多的途徑，從內在的情緒、日常的飲食、或者使用抗衰老化妝品。

1. 內在的情緒：喜樂的心是良藥，說明當心情常保有喜樂許多疾病就不易上身，情緒開朗就顯得年輕有活力，這可以說是不需付出金錢就可以改善衰老的途徑，保持身體健康，有足夠的睡眠以保證皮膚得到休息。憂慮、壓力等不正常的生活環境會影響皮膚。有的人由於心靈上的創傷一夜間老了許多，一下子增加了許多皺紋和白頭髮，因此要學會放鬆自己，常常喜樂。

2. 日常的飲食調整：在飲食上要多食富含維生素A、B、C、E的食物。維生素A有抗氧化、抗角質化效力，是抗皮膚衰老的良劑，動物肝臟、胡蘿蔔、南瓜、牛奶等食物中，富含維生素A；維生素B群有抗氧化，維生素B3是保持人體細胞活力的基本元素。豆類、蔬菜、雞蛋、魚、瘦肉、優酪乳等食物中，B群維生素的含量較高。維生素C有防止皮膚老化、清除色素沉著的功能；維生素E是良好的氧化劑，人體缺乏維生素E時皮膚鬆弛，皺紋明顯，出現黃褐斑，要保持人體所必須的維生素E，就要多吃植物油、魚、豆、麥芽、堅果等食物。因而要多吃水果和蔬菜，多喝水，那樣皮膚才能從體內汲取足夠的養分。

3. 抗衰老化妝品：抗衰老化妝品目前遵循以下原則進行產品的開發：

   (1) 增強細胞的增殖、代謝能力。

   (2) 重建皮膚的細胞外基質。

   (3) 抗紫外線輻射。

   (4) 抗氧化。

   (5) 抗降解。

(1) 增強細胞的增殖、代謝能力

促進細胞的活性，即增殖、代謝能力，延緩皮膚的衰老是關鍵的步驟，α-羥基酸（alpha-hydroxy acids, AHAS）、表皮生長因子等是促進表皮細胞轉換增殖能力的活性物質。而在動、植物乃至海洋生物中尋找更有效的活性物質，是皮膚抗衰老化妝品開發面臨的課題。

(2) 重建皮膚的細胞外基質

重建細胞外基質，一般有主動與被動方式，被動方式是指人爲補充由於皮膚老化而失去的部分細胞外基質，例如：防衰老化妝品中，添加了膠原、彈性蛋白、透明質酸、天然保溼因子等細胞外基質。主動方式則是通過一些有生物活性作用的物質，增強皮膚各類細胞合成這些細胞外基質的能力，作者從植物提取物中發現一些多酚類具有此功能。

(3) 抗紫外線輻射

紫外線引起的光老化已被證明。因此，抗紫外線防曬是皮膚抗衰、防衰的重要措施。使用化學吸收和物理遮蔽兩大類防曬劑加入化妝品中，可以防止紫外線對皮膚的損害（請參看第五章的防曬單元）。

(4) 抗氧化

這裏指的抗氧化是指對抗離子和低能輻射產生的活性氧自由基（ROS）對皮膚脂質、蛋白質、生物膜的損害作用。目前抗氧化劑大致可以分成非酶類抗氧化劑，例如：維生素E、維生素C、硒類化合物等。另一類是酶類抗氧化劑，廣泛被使用的是超氧化物歧化酶（SOD）、過氧化氫酶（CAT）等。近些年來，有人從植物、中草藥中提取具有很強抗氧化作用的小分子，具有抗衰老化妝品開發應用的前景。

(5) 抗降解

膠原纖維及彈性纖維受蛋白酶降解，使皮膚鬆弛，失去彈性，出現皺紋。因此，在化妝品中加入對於此酶的抑制劑，可以防止膠原纖維及彈性纖維降解，預防皺紋的形成。此類抑制劑原料多採用人工合成的方法，在天然的植物中亦存有對該酶的抑制劑。

四、抗衰老原料及其性能

1. 具有保溼和修復皮膚屏障功能的原料

例如：神經醯胺、透明質酸、批咯烷酮梭酸鈉、乳酸和乳酸鈉等（請參考第三章保溼單元）。

2. 促進細胞分化、增殖，促進膠原和彈性細胞合成的原料

(1) 基因重組（人）細胞生長因子：生長因子是調節細胞增殖和分化的物質。包括基因重組（人）表皮細胞生長因子（h-EGF）、基因重組（人）酸性纖維細胞生長因子（a-EGF）和基因重組（人）鹼性纖維細胞生長因數（b-EGF）三種，被譽爲皮膚淺層、中層和深層修復因子。

(2) 羊胎素：是從懷孕3個月的母羊胎盤中抽取的一種活性胚胎細胞精華，含有EGF、DNA、SOD、黏多糖、脂蛋白等多種營養成分。能滲透皮膚深層組織，刺激人體組織細胞的分裂和活化，促進老化細胞的分解排出，達到延緩肌膚老化。

(3) α-羥基果酸（AHAS）及β-羥基果酸（BHA）：主要是透過滲透至皮膚角質層，促進老化角質層中細胞間的鍵合力減弱，加速細胞更新速度和促進死亡細胞脫離等方面使皮膚表面光滑、細嫩、柔軟的效果，對皮膚具有除皺、抗衰老的作用。β-羥基果酸比傳統的水溶性果酸更容易與油脂豐富的肌膚表層相結

合，對皮膚可進行緩釋作用，功效比傳統果酸好。

(4) 膠原蛋白（collagen）：膠原蛋白是一種高分子蛋白質，主要功能是作結締組織的黏合物質，使皮膚保持結實和彈性。在皮膚內，它與彈力纖維合力構成網狀支撐體，對眞皮層提供支撐。最初，將其應用於化妝品中除皺產品，但其分子量少則上萬，不易被皮膚吸收，效果會大打折扣。因此，膠原蛋白常被以注射劑方式用於用於微小凹陷性癰痕和早期淺皺紋。

(5) 全反式維生素A酸：使用0.05%及0.01%全反式維生素A酸霜及賦形劑進行自願者隨機雙盲對照試驗，發現用全反式維A酸治療者皮膚日光損害的表現，如細皺紋、色素增加、粗糙及鬆弛均有明顯改善，而且0.05%較0.01%全反式維A酸治療效果更佳。

(6) 肉毒桿菌：高度純化的肉毒桿菌素，可以阻斷神經的傳導，用來治療過度活躍的肌肉，可讓造成皺紋的肌肉放鬆，變成一個平滑、年輕的容顏，因此，在醫療美容中心常利用肉毒桿菌注射拉提皮膚和除皺。

(7) 胜肽類（類肉毒桿菌）：它的除皺原理與肉毒桿菌類似，在於阻斷神經與肌肉的神經傳導，使臉部過度收縮的肌肉放鬆，進而使動態性皺紋消失，目前常用在保養品的胜肽組合，包括：三胜肽：被視爲是生長因子，可刺激葡萄糖胺聚酸及膠原蛋白生成。五胜肽：刺激膠原蛋白生成及纖維連結蛋白。六胜肽：能夠抑制神經傳導，對於放鬆表情紋、淡化皺紋。因此三至六胜肽主要是用在抗老化的化妝保養產品，目前亦發展出八胜肽等的減低皺紋生成的原料。

課後練習

1. 皮膚老化有何特徵？
2. 皮膚老化的因素有哪些？
3. 目前化妝品中訴求抗衰老（除皺）原料有哪些？

第二篇

化妝品配方調劑原則

在第一部分作者介紹了化妝品的發展趨勢（第一章）、於第二章中介紹了製作化妝品中基質原料輔助原料及功效性的原料的基本知識，也從第三章至第六章中分別介紹保溼、美白、防曬及老化等在化妝品的商品上主要訴求功能的防治原因及原料使用原則及常用於添加在化妝品中的功效性原料。在第二部分作者則介紹化妝品製造的實務調劑原則與例子，提供讀者了解化妝品的產品是如何被設計出來，期待從學理與應用的配合，對於化妝品的產業有更完整的認識。

化妝品配方調製原則

化妝品配方調製不是閉門造車，不能只將自己置於實驗室中開發配方，必須要清楚的了解化妝品市場、流行趨勢、化妝品原料以及消費者需求。在開發一支新產品的時候，會從下面的幾個大方向思考開始：

1. 確認市場目標

在開始動手調製化妝品之前，需要先考慮到所設計的產品的目的、所針對的族群年齡及膚質、市場定位及價位等如下：

(1)產品目的：清潔產品、保溼產品、抗老產品、美白產品或是彩妝等。

(2)目標族群：年齡、膚質、性別等。目標族群的清楚定位會讓配方的開發及整體包裝設計有較正確的方向，包含了原料選擇、塗抹觸感選擇、產品顏色等到瓶器顏色、式樣等的選擇。比方說針對男性產品或是女性產品的設計，從包裝設計到塗抹性及滋潤度上的區分就有很大的不同。

(3)市場定位：銷售通路、售價等。消費者對於化妝品的購買地點普遍會有潛意識上的合理價格範圍。在一般大賣場或開架式通路購買化妝品，消費者期待的化妝品價格是較為平實低廉的，相對來說在百貨公司專櫃或是醫美診所通路所購買的化妝品，消費者較能接受較高價位的產品。因此配方研究員必須先了解所開發的產品將會再哪種通路販售，大約的市場價格及相關市場的行銷型態，由此來選擇配方的原料種類、劑量等，必須要符合成本及市場銷售的考量。

2. 配方設計

有了以上的概念及目標後，就可以開始進行配方的初步設計，包含了：

(1)基劑樣態的選擇：比方說是要做具流動性的洗面乳，還是不具流動性的洗面乳？是要做液態的產品，還是凝膠態？或是乳霜狀？一般想給人清爽或控油感覺的產品多會用凝膠態，若是以滋潤爲主的化妝品多半會選擇乳霜狀。基劑樣態的選擇和瓶器的選擇是一體的，需要一起考慮。除此之外，消費者對樣態的偏好也與年齡、膚質狀態及性別有關。

(2)產品質地觸感、香味及顏色的選擇：與目標族群的年齡層及膚質有關。一般說來，爲熟齡肌膚或乾燥肌膚設計的化妝品觸感較爲滋潤厚實，配合的香味也會選擇較溫暖的香調，顏色的選擇也多半以粉紅色、淡橘色等暖色系爲主。清爽型化妝品多半以清新的味道爲主，尤其是訴求控油的產品多半會以綠色或藍色等冷色系的顏色爲主。男性化妝品會選擇偏男性或中性的顏色及香味。需注意的是，香味與內料顏色的搭配是一體的。

(3)盛裝容器的選擇：盛裝容器與化妝品樣態的選擇息息相關，化妝品的稠度會影響容器的選擇。比方說流動性佳的沐浴乳或洗髮精可以用按壓瓶來盛裝，不流動的洗面乳可用軟管盛裝。不具流動性的凝膠或乳霜產品可用軟管或霜罐來盛裝。

(4)功效性成分的選擇：依據不同功能訴求的化妝品如保溼、美白、抗皺、控油、舒緩抗敏等，會選擇相對應的功效性成分做添加。在許多產品中的功效訴求不見得是單一的，比方說抗皺產品除了抗皺外，也會加入保溼的功能。美白產品除了添加美白成分外，也常會添加促進皮膚角質更新代謝的成分。多種功效成分的相互搭配，可加強化妝品的功效。

(5)符合法規：在台灣需符合《化粧品衛生安全管理法》的相關規定，另外若是含藥化妝品需符合含藥化妝品基準。一些化妝品成分有添加量的限制或禁用限制，在設計配方時都要注意。

3. 進行實驗及配方評估

照著初步設計的配方進行實驗，根據實驗的結果來做下一步配方的修正，通常一項產品會需要再做許多次的修正；可能是外觀的修正（包含顏色、黏度）、或是觸感（包含取用難易度、塗抹性、滋潤度、吸收度等）、功效上的修正（是不達到預期的使用效果）。所以對於所調製出來的產品的正確評估非常重要。經由評估的結果可以再次修正配方、再次實驗，如此反覆數次以求得較好的配方。實驗者就是要有耐心不斷地進行一次次的實驗。

4. 安定性測試

在配方大致底定了之後，接下來就要做兩種測試：

(1)配方安定性測試：藉由觀察配方產品的外觀顏色、黏度、氣味、酸鹼度是否有變化，對微生物的抑制能力等，來評估依配方所製出的產品是否可以達到設定的保存期限，並預估運送等因素對產品造成的影響。常見的安定性測試期間為十二周，內容如下：

①溫度測試：包含低溫（約4℃）、室溫（25℃）、高溫（45～55℃）及溫度循環對產品產生的影響。有時需考慮

到產品欲銷售地區的天氣變化來設定溫度。若是產品目標銷售市場的環境溫度會高達40℃，則做安定性測試時的高溫條件可提高。反之，若是目標市場冬季溫度會在攝氏零度以下，低溫測試的部分就必須將溫度設定較低，通常會加入抗凍測試。

②紫外線耐受性測試：若包裝瓶器具透光性，則需評估紫外線對內料的影響。評估是否會造成顏色改變或褪色、氣味改變等變質的狀況。另外紫外線非常可能降低產品中功效性成分的活性，這部分的活性測試也需要進一步的實驗來驗證。

(2)與容器的相容性測試：產品和所要盛裝的容器會不會有不良反應，是否會造成腐蝕、脆化、溶化等問題；或是瓶器內部的金屬套件有沒有鏽蝕的狀況產生等。

第七章

洗劑的調製

化妝品的洗劑種類包含了常用的沐浴乳、洗手乳、洗髮精、洗面乳、香皂、牙膏等以清潔爲主要目的的產品。這類化妝品的最主要的成分就是以清潔起泡爲主的界面活性劑，包含陰離子型界面活性劑、兩性界面活性劑及非離子型界面活性劑。洗劑的主要組成如下：

1. 清潔起泡劑

清潔起泡劑的選擇決定了沐浴乳的主要表現如清潔力、泡沫多寡、泡沫粗細、洗感、刺激性等。主要有以下三種：

1. 陰離子型界面活性劑（Anionic Surfactants）。
2. 兩性界面活性劑（Amphoteric Surfactants）。
3. 非離子型界面活性劑（Nonionic Surfactants）。

通常在一支洗劑中會同時添加許多種不同的界面活性劑來達到較佳的綜合表現。陰離子型界面活性劑清潔力強、起泡性好，大部分的洗劑是以陰離子型界面活性劑爲主，再輔以兩性及非離子型界面活性劑。

一般說來，兩性及非離子型界面活性劑可降低陰離子型界面活性劑的刺激性，並使泡沫更爲豐富細緻且穩定。

市面上有一些訴求泡沫少、低刺激性的洗劑，通常是以非離子型界面活性劑爲主。

洗劑中常用的陰離子型界面活性劑	Sodium Laureth Sulfate, Sodium Lauryl Sulfate, Sodium Olefin Sulfonate, Ammonium Laureth Sulfate, Sodium Lauroyl Sarcosinate, Sodium Acylglutamate, Sodium Trideceth-3 Carboxylate, Sodium Lauryl Phosphate, Disodium Alkyl Sulfosuccinate, Sodium Cocoyl Isethionate, Sodium Lauroyl Taurate
洗劑中常用的兩性界面活性劑	Sodium Cocoamphoacetate, Cocamidopropylbetaine
洗劑中常用的非離子型界面活性劑	Lauramide MEA, Cocamide DEA, Cocamidopropylamine Oxide, Lauryl Glucoside

2. 增稠劑

沐浴乳及洗髮精等洗劑爲了方便使用，需具有一定的黏度。黏度太低的沐浴乳或洗髮精容易從手指間滴落。一般具流動性洗劑黏度多在2000～10000cps間，含珠光劑的洗劑黏度最好要高一些，以避免珠光劑太易沉降。

常見的增稠劑有Alkanolamides、PEG-6000 Distearate、PEG-120 Methyl Glucose Dioleate、Sodium Chloride及一些高分子聚合物等。

3. 珠光劑或濁白劑

珠光劑的添加使得洗劑看起來有豐富的珠光色澤，而濁白劑使洗劑顯白而無珍珠光澤。珠光色澤及白色洗劑給人較有滋潤豐厚的感覺。常用珠光劑有Ethylene Glycol Distearate (EGDS)或 Ethylene Glycol Stearate(EGMS)，添加量決定洗劑的白度以及珠光色澤的強度，一般添加量在0.5～1.0%。這兩支珠光劑在操作上都需加熱使其溶於界面活性劑溶液中，降溫的過程中珠光會逐漸顯現。坊間化妝品原料商亦提供已溶於界面活性劑的珠光膏，具不同光澤度，也可直接使用，添加於劑型中。

一般濁白劑的添加量在0.2～1%之間，依所需的白度而定。濁白劑較珠光劑在低黏度時較不易沉降。

4. 香精

香精在洗劑中的角色相當重要，常是消費者選購沐浴乳或洗髮精時的重要依據。由於香精在洗劑中的添加量比保養品及彩妝高，所以對洗劑的黏稠度及安定性影響很大；一般在沐浴乳、洗手乳、洗髮精及香皂中添加量大致在0.5～1.2%間，洗面乳中會稍低一些；基本上必須掩蓋過洗劑原料的味道。許多香精會增加或減少洗劑原有稠度，或是改變洗劑顏色。

5. 色料

一般用於洗劑的色料多半爲水溶性色料，色料在洗劑中的添加量相當低。但要注意的是安定性、是否容易變色的問題。

6. 保存劑

保存劑是讓化妝品在有效保存期限內品質不變的成分，主要有下列幾類：

(1)金屬螯合劑：如EDTA-2Na、EDTA-4Na。

(2)抗氧化劑：防止化妝品氧化。

(3)紫外線吸收劑：防止化妝品因紫外線照射而變質。

(4)抑菌劑：抑制化妝品內菌類的生長。

7. 保溼劑及其它功能性成分

洗劑中添加保溼劑可減低皮膚清洗後的澀感，常添加多元醇類如甘油（Glycerin）或是復脂劑如PEG-7 Glyceryl Cocoate等。但是在洗劑中添加保溼劑要注意的是許多保溼劑會影響泡沫表現，所以在添加量上要小心拿捏。

至於洗劑中其他的功能性成分多半是作爲行銷訴求用，一般添加量不高。

洗劑的組成成分大致如上所敘述，當然不同產品會有些許原料選擇上的差異，以下列出一些常見洗劑再做進一步的介紹。

1. 皀

種類分爲：不透明皀、透明皀、合成界面活性劑皀。

香皂的兩種基本組成與製作方式爲：

(1)長鏈脂肪酸與鹼劑的加熱中和反應，再加入色料及香精等，降溫成型。

(2)動植物油脂與鹼劑的加熱皀化反應，再加入色料及香精等，降溫成型。

常用的長鍊脂肪酸如：月桂酸（Lauric Acid）、肉豆蔻酸（Myristic Acid）、棕櫚酸（Palmitic Acid）、硬脂酸（Stearic Acid）。

可用的動植物油脂非常多，如：牛油（Tallow Oil）、豬油、椰子油（Coconut Oil）、橄欖油（Olive Oil）等。

常用的鹼劑：氫氧化鈉（Sodium Hydroxide）、氫氧化鉀（Potassium Hydroxide）、三乙醇胺（Triethanolamine, TEA）。

上述兩種製作香皀的方式，於中和反應及皀化反應進行時都需加熱，反應完全後再加入色料及香精等，倒入模具降溫成型。

若欲製作透明的透明皀，需在製程中加入大量的透明劑。

常見的透明劑如：酒精（Ethanol）、甘油（Glycerin）、糖（Sugar）、己六醇（Sorbitol）等。

由於透明劑大多是化妝品中常見的保溼劑，所以透明皀與一般香皀比較起來洗後澀感較輕，保溼性較好；但硬度也因透明劑的關係較低。透明劑的添加量愈高，做出的透明皀硬度愈低。

鹼劑的選擇也會影響皀的硬度，一般來說用氫氧化鈉製成的皀硬度較高，用氫氧化鉀反應的其次，用三乙醇胺反應所得的皀較軟。

中和反應及皀化反應製作出的皀均爲鹼性，所以在製作過程中添加的色料及香精需注意其對鹼的耐受性，在鹼性範圍應具有良好的安定性。

另外有訴求酸鹼值爲弱酸性的皂，是將合成界面活性劑壓製而成，不經過一般的皂化反應。

2. 沐浴乳

(1)種類及特性

沐浴乳依其成分可簡單分爲含皂沐浴乳及不含皂沐浴乳。

含皂沐浴乳顧名思義含有皂化的成分，一般洗感較爲清爽易沖。下表是含皂沐浴乳及不含皂沐浴乳兩者的一些比較。

	含皂沐浴乳	不含皂沐浴乳
酸鹼度	鹼性	可調整為酸性或中性
沖洗時感受	感覺易沖淨	感覺需較長時間沖淨
洗淨拭乾後感受	清爽	較滑溜

市售沐浴乳可分中油性肌膚使用、中乾性肌膚使用或是敏感型肌膚使用。也有分類爲清爽型及保溼滋潤型。在配方的設計上可區分如下：

①含皂或不含皂：爲中油性肌膚設計的沐浴乳可含皂化成分，使用感覺上較清爽；而針對中乾性肌膚設計的配方可不含皂。

②界面活性劑總量不同：中油性肌膚使用的沐浴乳可設計爲較高的界面活性劑總量，所以對皮脂的清潔能力較強；而中乾性肌膚使用的沐浴乳中的界面活性劑總量可設計爲較低。

爲敏感型肌膚設計的沐浴乳會選擇低敏性的原料，並降低香精的使用量。

爲嬰幼兒設計的沐浴乳除了如同敏感性肌膚使用低敏性原料之

外，一般界面活性劑的使用量也會較成人沐浴乳來得低。

(2)製作程序

在製作沐浴乳時，有幾個重點：

①先處理界面活性劑，再加入其他原料。一般會先依序將所有的界面活性劑先攪拌溶於水中後，再陸續加入其他各項原料。

②冷操作最佳。除非配方中有需要加熱溶解的原料，一般會用常溫攪拌的方式混合原料。

③注意攪拌速度。因為沐浴乳中含有大量的界面活性劑，起泡力強，若快速攪拌容易產生大量氣泡，使得製成的半成品消泡時間長。所以一般以不攪入空氣及產生氣泡的速度來攪拌混合原料。

④若添加片狀珠光劑EGDS或是EGMS，需加熱；加熱溶解後急冷降溫可使珠光更顯現。

⑤香精對黏稠度的影響。大部分的香精對沐浴乳的黏度會有影響，可能增加黏度也可能會降低黏度。所以會在加入了香精之後，再調整整體的黏度。

(3)參考配方

	原料	百分比w/w%	原料說明
(A)	Water	To 100.0	溶劑
	Disodium EDTA	0.05	金屬螯合劑
	Sodium Laureth Sulfate, 70%	16	陰離子界面活性劑
	Cocamidopropylbetaine	5	兩性界面活性劑
(B)	Cocamide MEA	3	非離子型界面活性劑
	Ethylene Glycol Distearate	1	珠光劑

	原料	百分比w/w%	原料說明
(C)	Glycerin	2	保溼劑
	Methylisothiazolinone, Benzisothiazolinone	0.15	抑菌劑
	Fragrance	0.8	香精
(D)	Citric Acid	q.s.	酸鹼調節劑
(E)	Sodium Chloride	q.s.	黏度調節劑

(4)實驗室參考製程

①將(A)相的原料依序加入燒杯中攪拌溶解，注意加入Sodium Laureth Sulfate（SLS）後的攪拌速度不要太快。

②將(B)相在另一燒杯中攪拌加熱至約70℃，攪拌至溶解後降溫。再加入(A)相燒杯中攪拌均勻。

③依序加入(C)相原料攪拌均勻。

④以(D)相原料調整酸鹼值至弱酸性至中性。

⑤視需要加入(E)相成分調整黏度。

(5)沐浴乳的評估

對於試製的沐浴乳，需要作初步的評估來看需不需要調整配方。

①外觀。顏色是不是吸引人、黏度是不是方便使用。

②香味。香味是不是吸引人，在洗淨搓揉的過程中是不是可完全蓋過原料本身的味道。

③清潔力。清潔力是不是適合所針對的族群。

④泡沫特性。容不容易起泡、起泡力夠不夠、泡沫是不是細緻豐富。

⑤刺激性。對皮膚是不是有刺激性

⑥沖洗感。用水沖去泡沫時是不是感覺好沖淨。

⑦洗後感。洗淨後，擦乾皮膚後的皮膚觸感是不是合宜。

3. 洗髮精

(1)種類及特性

洗髮精若依潤髮效果來分類，可區分爲單效洗髮精及雙效洗髮精。單效洗髮精無添加頭髮潤絲成分或僅添加陽離子性界面活性劑來降低靜電。單效洗髮精的滑順效果有限，頭髮洗後較爲乾澀，有時甚至難梳易打結。雙效洗髮精一般是指添加了非水溶性潤滑成分的洗髮精，尤其是矽酮類成分的添加可大幅增進頭髮柔軟滑順的效果：沖水時已經可以感覺到頭髮的滑感，乾後也較單效洗髮精易梳滑順，頭髮光澤度也較佳。但矽酮附著殘留在頭髮上的問題及矽酮的生物不分解性也一直是化妝品界具爭議的議題。

①常見的陽離子潤絲成分：Guar Hydroxypropyltrimonium Chloride、Polyquaternium-7、Behentrimonium Chloride等。

②常用於洗髮精的矽酮：Dimethicone、Cyclomethicone、Dimethiconol、Dimethicone Panthenol、Amodimethicone等。

③常用於洗髮精的抗屑成分：Zinc Pyrithione、Selenium Disulfide、Piroctone Olamine、Climbazole、Ketoconazole、Octopirox等。

爲了方便消費者使用習慣及感受，目前市售的洗髮精絕大多數都添加了矽酮。

洗髮精另可依其功效而有許多不同的分類，如油性髮質或乾性髮質用洗髮精、染燙髮洗髮精、抗屑洗髮精、減緩掉髮洗髮精等。針對油性髮質的洗髮精會提高界面活性劑的比例，使其去脂力較高，而非水溶性的潤絲成分比例較低。相對來說對於乾性髮質的洗髮精，清潔成分的比例可稍低，而潤絲成分須加重。染燙洗髮精除了因頭髮染燙受損而加重潤絲成分外，染髮專用洗髮精會添加護色的成分，減緩顏色因洗髮而快速淡去。燙髮專用洗髮精會添加維持頭髮捲度的成分，增加頭髮捲度的維持時間。抗屑洗髮精則添加一些抗菌成分，抑制頭皮皮屑芽孢菌的生長，進而減少頭皮屑。

(2)製作程序

洗髮精的製作程序與沐浴乳相同。

(3)參考配方

在配方方面，因爲消費者對於洗髮精的泡沫表現較其他洗劑來得重視，所以洗髮精的界面活性劑總含量一般較沐浴乳高，來達到較好的起泡性及清潔力。再來就是洗髮精的配方比沐浴乳更重視潤絲性，所以陽離子頭髮潤絲成分及矽酮的添加量加重；除此之外，洗髮精及沐浴乳配方極爲類似。

	原料	百分比w/w%	原料說明
(A)	Water	To 100.0	
	EDTA-2Na	0.05	金屬螯合劑
	Sodium Laureth Sulfate, 70%	8.0	陰離子界面活性劑
	Ammonium Lauryl Sulfate	7.0	陰離子界面活性劑
	Cocamidopropylbetaine	15.0	兩性界面活性劑
	Cocamide MEA	3.0	非離子型界面活性劑
	Dimethicone	2.0	矽酮潤滑劑
(B)	Palmitamidopropyltrimonium Chloride	3.0	陽離子界面活性劑
	Methylisothiazolinone, Benzisothiazolinone	0.15	抑菌劑
	Fragrance	0.8	香精
(C)	Citric Acid	q.s.	酸鹼調節劑
(D)	Sodium Chloride	q.s.	黏度調節劑

(4)實驗室參考製程

①將(A)相的原料依序加入燒杯中攪拌溶解，注意加入界面活性劑後的攪拌速度不要太快。

②依序加入(B)相原料攪拌均勻。

③以(C)相原料調整酸鹼值。

④視需要加入(D)相成分調整黏度。

(5)洗髮精的評估

洗髮精的評估與前述的沐浴乳相同，並多加上三項：

①刺激性。除對皮膚的刺激性評估外，另外要加上對眼睛黏膜的刺激性評估。

②頭髮的溼梳性。將洗髮精泡沫從頭髮上用水沖淨後，當頭髮還是溼的狀態時，是不是容易梳理。

③頭髮的乾梳性。將頭髮完全擦乾或吹乾後，是不是容易梳理。

好的洗髮精乾梳性及溼梳性都要很好。

課後練習

1. 沐浴乳及洗髮精都是洗劑類化妝品，兩者在配方結構上的不同點有哪些？
2. 為敏感性肌膚設計一款沐浴乳，在配方設計上需要注意到哪些？
3. 若想設計一款油性肌膚用的洗面乳，在配方設計上需要注意到哪些？
4. 試做一透明皂，發現做出的透明皂硬度太低，有何改善方式？

第八章

液劑保養品的調製

這裡介紹的液劑包含了化妝水及精華液。

一、化妝水

(一)化妝水主要組成

1. 香精：在化妝水及精華液中的香精添加量一般都很低，大部分其含量小於0.1%。
2. 油溶性成分：這裡指的油溶性成分是除了香精外所添加的一些油溶性成分；像是維他命A、維他命E、神經醯胺等，一般的含量也不高。
3. 乳化劑：要讓香精及油溶性成分可以以透明的形式乳化在水裡，需要足夠的乳化劑。常用於此目的的乳化劑爲Tween系列的乳化劑及PEG-40 Hydrogenated Castor Oil。當總油性成分含量相同時，乳化劑用量愈多，乳化粒子粒徑愈小，愈趨近透明。乳化劑的量需足夠乳化配方中油性成分的部分，才能有透明外觀；但添加量最好不要過高，會影響最終產品的觸感。
4. 水。
5. 水性活性成分。
6. 保存劑：金屬螯合劑、抑菌防腐劑、抗氧化劑等。
7. 色料：水溶性色料。

(二)化妝水的製程

1. 香精及油溶性成分必須先與乳化劑充分混合均勻（注意此時所

有的盛裝容器及用具必須是乾燥的）。

2. 加入水攪拌均勻後，評估透明度。若有混濁狀況，就必須增加乳化劑的添加量。若是表面有浮油狀況，則表示油性成分與乳化劑並沒有混合均勻。
3. 加入其他水性活性成分、保存劑及色料。

(三)參考配方

	原料	百分比w/w%	原料說明
(A)	Fragrance	0.005	香精
	Tocopheryl Acetate	0.02	維他命E醋酸酯，抗氧化劑
	Polysorbate 20	0.15	乳化劑
(B)	Water	To 100.0	水、溶劑
(C)	Disodium EDTA	0.05	螯合劑
	Glycerin	1.0	甘油、保溼劑
	Propylene Glycol	1.0	丙二醇、保溼劑
	Aloe Vera Extract	1.0	蘆薈萃取液
	Cucumber Extract	1.0	小黃瓜萃取液，保溼
	Sodium PCA	0.5	保溼劑
	Methylisothiazolinone, Benzisothiazolinone	0.2	抑菌劑
(D)	Citric Acid	q.s.	檸檬酸，酸鹼調節劑

(四)實驗室參考製程

1. 均勻混合(A)相原料後，加入(B)相水攪拌均勻。
2. 依序加入(C)相成分，攪拌均勻。
3. 以(D)相成分調整酸鹼度至弱酸性。

(五)不透明的化妝水

市面上有些化妝水並非是透明的，可能是半透明或是混濁的狀態。可以以乳化劑量來控制乳化粒徑大小，來達到所想要的濁度。另外也可以添加非透明性之原料來改變透明度。

(六)化妝水的評估

1. 外觀：透明度，顏色。
2. 香味：在使用輕拍的過程中是不是可完全蓋過原料本身的味道，會不會太強烈。
3. 塗抹性：是否易於塗抹。
4. 吸收度：使用上較容易拍乾會給使用者化妝水好吸收的感覺。
5. 乾後皮膚觸感。
6. 刺激性。

二、精華液

精華液以配方來區分，可分為三種：

1. 水性精華液：水性精華液的配方組成與化妝水極為類似。與化妝水比起來，多了高分子膠，使得精華液的稠度較化妝水高一些。此型精華液所含的油性成分比例很低。
2. 乳液型精華液：含一些油性成分，使外觀看起來微濁或是不透明。其配方與乳液近似，但總油量一般低於乳液的含油量。此種精華液一般來說滋潤度較水性精華液高。

3. 矽酮型精華液：含大量矽酮，滑感重，是三種型態精華液中滋潤感最重的。

(一)基本組成

1. 水性精華液

水性精華液的組成與化妝水相似，比化妝水多了高分子膠。

(1)香精及油溶性成分。

(2)乳化劑。

(3)水。

(4)高分子成膠劑。

(5)其他水性成分。

(6)保存劑。

(7)色料。

高分子成膠劑的用量決定了精華液的稠度，用量愈高，所做出的精華液愈稠。需注意的是高分子膠體除了影響稠度之外，對產品塗抹於皮膚上的觸感也有影響。可用於精華液的高分子膠體非常多，此處介紹兩種常用的高分子膠體：三仙膠（Xanthan Gum）、乙基纖維素（Hydroxyethylcellulose）。

依生產廠商及規格的不同，三仙膠及乙基纖維素的特性會有些許不同，導致不同的黏度表現。一般來說三仙膠及乙基纖維素能溶解於冷水及熱水中，但使用熱水會縮短溶解的時間。溶解於水中後會形成透明黏稠的外觀，並給予皮膚柔滑的觸感。

	Xanthan Gum	Hydroxyethylcellulose
離子性	陰離子性	非離子性
鹽類耐受性	具耐受性	具耐受性
耐酸度	耐酸	耐酸

2. 乳液型精華液

類似乳液組成，油含量較乳液低。

(1)油相成分：油、合成類、蠟、矽酮等。油相成分的含量影響滋潤度等觸感。

(2)水相成分：水、多元醇。

(3)乳化劑及助乳化劑。

(4)高分子成膠劑。

(5)功能性成分。

(6)抑菌保存劑。

(7)酸鹼度調節劑。

3. 矽酮型精華液

(1)矽酮：高分子量及低分子量矽酮會一起合用，高分子量矽酮給予稠度及絲緞觸感，低分子量矽酮給予滑感及提高清爽度。

(2)動植物油或酯類及合成油。

(3)油溶性活性成分。

(二)精華液的製程

1. 水性精華液

水性精華液的製程與化妝水類似，多了高分子膠體的處理。

(1)香精及油溶性成分必須先與乳化劑充分混合均勻（注意此時所有的盛裝容器及用具必須是乾燥的）。

(2)加入水攪拌均勻後，評估透明度。若有混濁狀況，就必須增加乳化劑的添加量。若是表面有浮油狀況，則表示油性成分與乳化劑並沒有混合均勻。

(3)攪拌溶解高分子膠體。

(4)加入其他水性活性成分、保存劑及色料。

2. 乳液型精華液

基本製程如乳化製程。

(1)油相成分及乳化劑和水相成分分別加熱至特定溫度後，混合均質，完成乳化處理。

(2)處理溶解高分子成膠劑。

(3)降溫後加入功能性成分及其他成分。

3. 矽酮型精華液

矽酮型精華液的製程相單簡單，所有原料攪拌混合均勻。

(三)精華液參考配方

1. 水性精華液

	原料	百分比w/w%	原料說明
(A)	Fragrance	0.01	香精
	Polysorbate 20	0.03	乳化劑
(B)	Water	93.32	水
	EDTA-2Na	0.05	螯合劑
(C)	Xanthan Gum	0.5	三仙膠

	原料	百分比w/w%	原料說明
(D)	Glycerin	2	甘油、保溼劑
	Lactic Acid, Glycolic Acid	3	丙二醇、保溼劑
	Methylisothiazolinone, Benzisothiazolinone	0.16	抑菌劑
(E)	Triethanolamine (TEA)	q.s.	三乙醇胺、酸鹼調節劑

(四)實驗室參考製程

1. 均勻混合(A)相原料。
2. 攪拌溶解(B)相原料。
3. 將混合好的(A)相加入(B)相中攪拌均勻。
4. 邊攪拌前述的(A)+(B)相，邊將(C)相的三仙膠慢慢灑入攪拌至完全溶解均勻。
5. 依序加入(D)相成分，攪拌均勻。
6. 以(E)相成分調整酸鹼度。

(五)精華液的評估

1. 外觀：透明度，顏色。
2. 黏度：精華液的黏度差異性蠻大，要和所選擇的瓶器可以搭配。若用按壓瓶，黏度要稍高一些。
3. 香味：在使用輕拍的過程中是不是可完全蓋過原料本身的味道，香味是否適宜。
4. 塗抹性及塗抹時的皮膚觸感。
5. 吸收度。

6. 乾後皮膚觸感。
7. 刺激性。

課後練習

1. Hydroxyethylcellulose、Xanthan Gum這兩種高分子膠體的選擇，欲製作甘醇酸精華液，可以選用上述哪些高分子膠體作爲增稠劑？欲製作強陽離子性膠原蛋白精華液，可選用上述哪些高分子膠體？
2. 試做透明化妝水，但發現做出來的化妝水是混濁非透明的；原本配方可以從哪些地方去改善？
3. 一般化妝水與水性精華液在配方組成上的不同有哪些？
4. 若是精華液配方中欲加入較高比例的油溶性功效性成分，做成哪些種類精華液較適合？

第九章

乳液及乳霜的調製

乳液及乳霜依乳化型態可分成兩種：水包油型乳化（o/w）及油包水型乳化（w/o）。水包油型乳化的觸感質地較無厚重感，大多數的保養霜或乳液均屬於此型；油包水型乳化的防水效果很好，因此許多的粉底霜或部分防曬品會製成油包水型。

一、基本組成

(一)油相成分

包含油、合成類、蠟、矽酮等。油相成分的選擇及比例直接影響所製作出乳霜的塗抹觸感及滋潤度。油相成分依來源可分爲以下幾種：

1. 動物油及動物蠟：滋潤度良好、親膚性佳的油脂，如鮫鯊烯（Squalene）、綿羊油（Lanolin Oil）、貂油（Mink Oil）等。除綿羊油外，通常是動物皮下脂肪精煉而來。滋潤度屬中等滋潤度到高滋潤度，適用於乾燥及老化肌膚；但較易氧化變質爲其缺點。但目前因爲動物保護及社會觀感的影響，動物油的用量逐漸減少。
2. 植物油及植物蠟：屬中高滋潤度、親膚性佳。由於自然風的影響，使用率逐年加重，如荷荷芭油（Jojoba Oil）、橄欖油（Olive Oil）、甜杏仁油（Sweet Almond Oil）、乳油木果油（Shea Butter）等。大多數植物油亦有易氧化變質的問題。氧化後的油脂對皮膚的刺激性會增加。
3. 礦物類油：是從原油分餾所得的飽和碳氫化合物，如液態石蠟或稱礦物油（Mineral Oil）、凡士林（Vaselin）等。礦物油脂較無氧化的問題，較爲安定，但觸感較爲厚重。化妝品級的礦物油無刺激性，常用於嬰兒油中。其防止皮膚水分散失的功效良好，所以也常使用於護手霜中。

4. 合成類：合成類油性成分種類繁多，對皮膚的塗抹觸感涵蓋了自極清爽至厚重滋潤，因此不同的組合可創造出非常多種不同的肌膚觸感。大部分安定性佳，但部分合成類油性成分對皮膚具刺激性。常見的合成類油性成分如棕櫚酸異丙酯（Isopropylpalmitate）、氫化聚異丁烯（Hydrogenated Polyisobutene）、異硬脂醇（Isostearic Alcohol）等。
5. 矽酮：矽酮的種類繁多，當然功能也不一樣；但是主要的功能爲增加滑感、改善塗抹性及降低油膩感。最常見的矽酮就是聚二甲基矽氧烷（Dimethicone）及環戊矽氧烷（Cyclopentasiloxane）。

(二)水相成分

乳化的水相成分一般包含三類：水、多元醇、高分子聚合物。常用的多元醇如甘油（Glycerin）、丁二醇（1,3-Butylene Glycol）、丙二醇（Propylene Glycol）。常見的高分子聚合物如三仙膠（Xanthan Gum）、Carbomer、纖維素類（Cellulose）、矽酸鎂鋁（Veegum）。

(三)乳化劑及助乳化劑

化妝品的乳化劑可區分爲水包油型乳化劑（o/w）及油包水型乳化劑（w/o），用來製作型態不同的乳化。除少數特例外，一般乳化需兩支或兩支以上的乳化劑來共同進行乳化。在製程中乳化劑通常置於油相，依乳化劑的特性不同，乳化會有不同的溫度及攪拌速度。

助乳化劑在乳化中是協助乳化安定的角色，常見的是脂肪醇類如鯨蠟醇（Cetyl Alcohol）、硬脂醇（Stearyl Alcohol）等。要注意的是這類脂肪醇類會增加乳化製品的硬度，且不能使用於油包水型乳化系統。

(四)功能性成分

大部分功能性成分像美白成分、抗老成分、抗敏成分等受熱容易降低活性，因此通常在乳化完後45℃以下添加。

(五)抑菌保存劑

抑菌劑是抗菌的藥物，對於病原菌不能迅速徹底殺死，只能抑制病原菌的繁殖擴大，讓化妝保養品能安定的保存。

(六)酸鹼度調節劑

靠著本身的特性調節化妝保養品製造時的酸鹼度。

二、乳化製程

(一)加熱製程

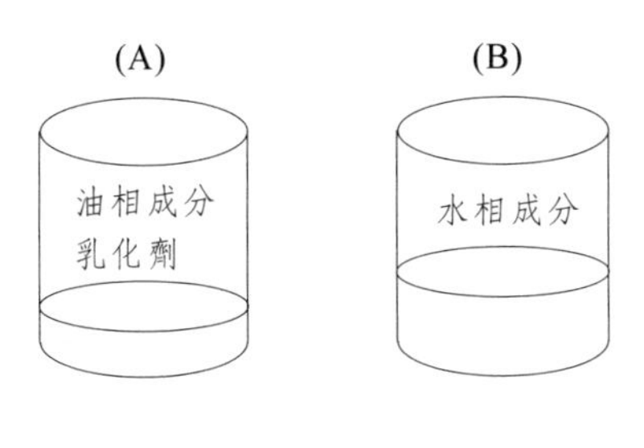

1. 將油相成分與乳化劑盛入同一燒杯(A)，水相成分盛入同一燒杯(B)。
2. 分別加熱至65～75℃，並攪拌至所有成分混和溶解均勻。

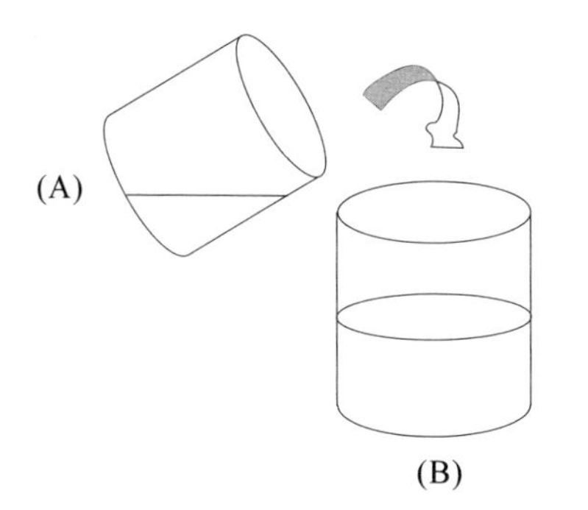

4. 水包油乳化，將油相成分(A)倒入水相燒杯(B)中，均質乳化數分鐘。

※若是油包水乳化，會將水相成分(B)倒入油相燒杯(A)中。

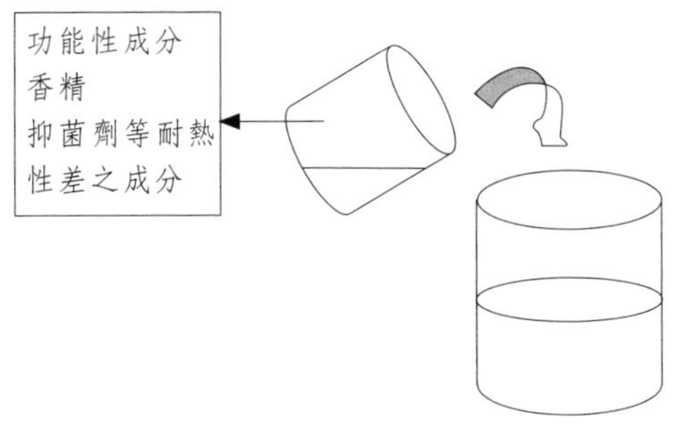

3. 攪拌降溫至45℃以下後，加入其他耐熱性差之成分攪拌均勻。

(二)冷操作製程

不是所有乳化製程都需要加熱乳化，是不是適合冷操作乳化主要是看選擇的乳化劑而定。但許多的冷操作乳化劑對攪拌速度有特定要求，這點需特別注意。

三、參考配方

(一)乳液的參考配方

	原料	百分比w/w%	原料說明
(A)	Mineral Oil	2.0	礦物油
	Isohexadecane	4.0	異十六烷，油相成分
	Dimethicone	0.5	矽酮
	Olea Europaea (Olive) Fruit Oil	2.0	橄欖油
	Glyceryl Stearate	1.0	乳化劑
	PEG-100 Stearate	1.0	乳化劑
	Cetyl Alcohol	1.0	鯨蠟醇，助乳化劑
(B)	Water	To 100.0	水
	EDTA-2Na	0.04	螯合劑
	Glycerin	0.7	甘油，保溼劑
	Hydroxyethylcellulose	0.4	增稠劑、乳化安定劑
(C)	Methylisothiazolinone, Benzisothiazolinone	0.18	抑菌劑
	Yeast Extract	0.5	酵母萃取液
	Panthenol	0.1	泛醇，保溼劑
	Fragrance	q.s.	香精

(二)實驗室參考製程

1. 將(A)油相成分混合加熱至約70℃，並確認所有原料均熔解。
2. 將(B)水相成分混合分散均勻後，攪拌加熱至約70℃，並確認膠體完全溶解。
3. 將(A)相倒入(B)相中，乳化均質3～5分鐘。
4. 攪拌降溫，降溫至45℃以下後，依序加入(C)相成分攪拌均勻。

(三)乳霜參考配方

	原料	百分比w/w%	原料說明
(A)	Steareth-2	3.0	乳化劑
	Steareth-21	2.0	乳化劑
	Mineral Oil	3.0	礦物油
	Isohexadecane	2.0	異十六烷，油相成分
	Caprylic/Capric Triglycerides	8.0	辛癸酸三甘油酯，油性成分
	Jojoba Oil	6.0	荷荷芭油
	Olive Oil	6.0	橄欖油
	Tocopheryl Acetate	0.2	維他命E醋酸酯
	Cetyl Alcohol	1.0	鯨蠟醇，助乳化劑
	Dimethicone	0.8	矽酮
	Methylparaben	0.2	抑菌劑
	Propylparaben	0.1	抑菌劑
(B)	Xanthan Gum	0.25	三仙膠，乳化安定劑
	Glycerin	1.0	甘油，保溼劑
(C)	water	to 100.0	
(D)	Phenoxyethanol	0.5	抑菌劑
	Acetyl Hexapeptide-3	3.0	抗老成分
	Retinol	0.05	維他命A醇，抗老成分
	Sodium PCA	1.0	保溼成分
	Fragrance	q.s.	香精

(四)實驗室參考製程

1. 將(A)油相成分混合加熱至約70℃，並確認所有原料熔解均勻。
2. 將(B)相成分混合分散均勻後，加入(C)相水攪拌並加熱攪拌至約70℃，確認膠體完全溶解。
3. 將(A)相倒入(B)+(C)水相中，乳化均質2分鐘。
4. 攪拌降溫，降溫至45℃以下後，依序加入(D)相成分攪拌均勻。

(五)乳霜配方的調整

1. 黏度的調整。製作出來的乳化體黏度太高或太低，可以以下列方式調整黏度：

   ①改變內相比例：內相愈高，黏度愈大。在水包油（o/w）的劑型中，增加油相的比例可提高黏度；相反地，若是油包水（w/o）的劑型，增加水相的量可以提高黏度。但以此方式調整黏度也會相對地改變製品的滋潤度及觸感。

   ②改變蠟類比例：在水包油（o/w）的劑型中，增加蠟的添加量或是脂肪醇的添加量都可以增加黏度，如蜜蠟（Beeswax）、硬脂醇（Stearyl Alcohol）等。若是油包水（w/o）的劑型，會增加蠟的添加量來增加黏度，但不可使用脂肪醇，會影響乳化的安定性。

   ③高分子膠的量：在水包油（o/w）的劑型中，增加水性高分子膠的添加量可增加乳化製品黏度並增加安定性，反之，降低高分子膠的添加量則降低黏度。

2. 滋潤度的調整。滋潤度主要跟油相成分的選擇及添加比例有關。油性成分的添加量愈高，滋潤度會愈高；選擇使用的油性成分愈清爽，則觸感會較清爽。

四、乳霜的評估

1. 外觀：乳霜表面的亮度、均勻細緻度，黏度是不是適用於所選的瓶器。
2. 香味：直接嗅聞及在使用的過程中味道的表現。
3. 塗抹性：是否易於塗抹，塗抹時的皮膚觸感。
4. 吸收度。
5. 乾後皮膚觸感。
6. 刺激性。

課後練習

1. 你製作一個o/w型乳霜，發現作出的成品稠度太低，你要如何改善？
2. 你想製作一滋養乳液，發現作出的成品塗抹起來滋潤度太高，你要如何改善？
3. 若想把第118頁的乳液參考配方修改爲乾性熟齡肌膚使用的抗皺霜，會做哪些修正？
4. 油包水型及水包油型乳化製品會有哪些表現上的差異？

第十章

彩妝化妝品的調製

彩妝是以修飾皮膚膚色及瑕疵，給予皮膚及毛髮色彩的化妝品。與其他化妝品最大不同處就是含有大量的色粉及其他粉體。本章介紹三種基本彩妝品：粉底、粉餅、口紅。

一、粉底

粉底依黏度不同可簡單區分爲粉底液、粉底乳及粉底霜。其主要作用就是改變調整膚色色調、使膚色看起來均勻，並稍微掩飾皮膚瑕疵如斑點等。粉底基本上也是屬於乳化的產品，是以乳霜的成分爲基礎。

(一)基本組成

1. 乳霜基底：含有油相成分、水相成分、乳化劑、保存劑等，同乳霜組成。只是用於粉底的油相成分需選擇觸感清爽、無油膩感，並且對粉體原料分散性佳的油相成分。乳霜劑型可以選擇水包油型（o/w）或是油包水型（w/o）的劑型。水包油型粉底會在配方中加入一些油性高分子防水膜來增加粉底的防水能力；而油包水型的粉底具有較佳的防水特性，但須注意油相成分的選擇，以免使用起來有太油或太悶的觸感。
2. 粉劑：以功能區分，用於彩妝的粉劑分爲三大類：

(1)修飾遮瑕粉體：如二氧化鈦（Titanium Dioxide），氧化鋅（Zinc Oxide）等。二氧化鈦的遮瑕力相當好，是主要用來遮掩皮膚瑕疵的粉體；二氧化鈦也常作爲調色用白色色粉用。

(2)增加延展性粉體：如滑石粉（Talc）、雲母粉（Mica）、絹雲母（Serecite）或一些合成粒子如聚乙烯（Polyethylene）、耐龍（Nylon powder）、氮化硼（Boron Nitride）等。這些粉體大幅增加彩妝在皮膚上塗抹時的滑感及延展性。

(3)防脫妝粉體：防脫妝粉體基本上是一些能吸收微量皮脂及汗水的功能性粉體，如高嶺土（Kaolin）、矽石（Silica）等。當皮膚微微出汗或出油時，這些粉體可發揮作用並讓皮膚表面較爲乾爽，較不容易脫妝。

3. 色粉：給予顏色。最常用色粉爲無機色粉，如氧化鐵。一般用黃、紅、黑三色和二氧化鈦的白色就可調出深淺不一的各式顏色。一般彩妝色粉爲油分散型。另外會應用珠光色粉來賦予珠光感並提供細緻的色調。

(二)製程

雖然粉底的製程就如乳化製程，但因粉底含大量粉體，所以將粉體分散均勻是製程中除了乳化外的一個重點步驟，所以油相成分的選擇非常重要，對粉劑的分散能力要強。通常會將粉體於油相中均質分散均勻後，再依乳化步驟進行乳化的動作。

(三)參考配方

w/o型粉底

	原料	百分比w/w%	原料說明
(A)	Lauryl PEG-9 Polydimethylsiloxyethyl Dimethicone	2.5	w/o乳化劑
	Isohexadecane	3.0	異十六烷，油相成分

	原料	百分比w/w%	原料說明
	Dimethicone	1.0	矽酮
	Cyclopentasiloxane	5.0	清爽型矽酮
	Isopropyl Plmitate	3.0	棕櫚酸異丙酯
	Phenyl Trimethicone	1.0	矽酮
	Fragrance	0.1	香精
(B)	Pigments (Iron Oxides, Titanium Dioxide)	5.0	色料
(C)	Water	To 100	水
	Magnesium Sulfate	0.4	硫酸鎂，安定劑
	Propylene Glycol	1.0	丙二醇
	Talc, Mica, Silica	5.0	粉劑
	Methylisothiazolinone, Benzisothiazolinone	0.16	抑菌劑

實驗室參考製程

1. 將(A)油相成分混合均勻。
2. 將(B)油相成分加入(A)油相中，均質分散至色粉完全分散均勻。
3. 混合(C)油相原料，並均質分散至粉劑完全分散均勻。
4. 邊以攪拌機快速攪拌前項(A)+(B)，邊將(C)油相慢慢倒入。
5. 乳化均質至黏度不再變化。

(四)粉底的評估

1. 延展性夠不夠好。
2. 容不容易在皮膚上塗勻，顏色均勻。
3. 皮膚瑕疵修飾能力。
4. 防水性，不易脫妝。
5. 使用感清爽是否不悶、不油膩。

二、粉餅

粉餅含有大量的粉劑原料，比粉底霜的粉劑原料高出許多，是一需要經過高壓壓製的品項，將大量的粉體藉由壓力來成形爲餅狀。粉餅對皮膚瑕疵的遮蓋效果比粉底好。

(一)基本組成

粉餅的粉劑含量很高，並含有少量的油相成分來做爲粉體結合劑使用。

1. 粉劑：同粉底。
2. 色粉：同粉底。
3. 油相成分：粉體結合劑。
4. 抑菌劑、香精及其他。

(二)參考配方

原料	百分比w/w%	原料說明
Talc	45.0	滑石粉，增加延展性
Mica	24.2	雲母粉，增加延展性
Kaolin	4.0	高嶺土，防脫妝
Magnesium Stearate	5.0	硬脂酸鎂，防脫妝
Boron Nitride	3.0	氮化硼，增加延展性
Iron Oxides	2.0	氧化鐵，色粉
TiO_2	5.0	二氧化鈦，遮瑕色粉
Ultramarine Blue	0.5	色粉

原料	百分比w/w%	原料說明
Lauryl Lactate	5.0	結合劑
Cetyl Dimethicone	3.0	結合劑
Isopropyl Isostearate	3.0	結合劑
Methylparaben Propyparaben	0.25	抑菌劑
Fragrance	0.05	香精

實驗室參考製程

1. 將所有成分混合並以研磨機或粉碎機研磨均勻。
2. （使用壓粉機）將粉餅空鋁盤置於壓粉模母模上，將粉碎過的粉末倒入至滿。
3. 蓋上上層公模，並放置壓粉模至壓頭下方。
4. 鎖緊上層絲桿。
5. 以鋼管鎖緊底座紅色轉緊螺絲。
6. 將鋼管插入底座之施力孔，上下運作手柄使壓力表上讀數達到 200kg/cm^2。停留1～2分鐘。
7. 鬆開紅色旋轉螺絲，取出壓製好的粉餅。

(三)粉餅的評估

1. 粉體是否易均勻塗勻於皮膚上。
2. 顏色是否呈色均勻。
3. 遮瑕能力。
4. 防水性，不易脫妝。
5. 使用感清爽是否不悶、不油膩。

三、口紅

口紅提供唇部顏色，可影響面部整體給人的印象。口紅須提供唇部好的油度及滋潤度，否則使用者會有唇部乾燥的不適感。選擇口紅原料的時候需要注意原料食入的安全性。大多數的口紅爲油、蠟及色料的組合；也可藉由少量乳化劑將低量的水性功能性成分加入口紅中。

(一)基本組成

1. 油性成分及矽酮，口紅的油性成分有三項基本要求：

(1)對色粉及粉體分散性：由於口紅含有大量的油分散型色粉，所以油性成分的選擇必須能將色粉均勻分散，使口紅的展色均勻。

(2)對唇部的滋潤性佳及塗抹性佳。

(3)光澤度佳，油性成分及矽酮爲口紅光澤度的主要來源。

最常使用於口紅的油是蓖麻油（Castor Oil），因爲具有對色料分散性佳及光澤度好的特性。其他常用的油性成分還有凡士林（Petrolatum）、羊毛脂（Lanolin）等。矽酮也常用於口紅中，如Dimethicone及Phenyl Trimethicone，增加潤滑度及光澤度。

2. 蠟：塑造口紅硬度及結構強度。常用的蠟有微晶蠟（Microcrystalline Wax）、地蠟（Ceresin）、堪地里拉蠟（Candellila Wax）、石蠟（Paraffin Wax）、蜜蠟（Beeswax）等。所選擇使用的蠟的量及熔點會影響口紅的硬度，過量的蠟可能使口紅易折斷，反之會使口紅太軟易變形。

3. 香料。
4. 色粉：無機色粉、珠光色粉等。
5. 保存劑：抗氧化劑及抑菌劑。
6. 功能性成分。

(二)口紅參考配方

	原料	百分比w/w%	原料說明
(A)	Beeswax	15.0	蜜蠟
	Carnauba Wax	11.5	巴西蠟
	Candellila Wax	5.5	堪地里拉蠟
	Petrolatum	5.0	凡士林
	Polyisobutene	9.0	潤滑劑
	Octyl Palmitate	15.5	潤滑劑
	Tridecyl Trimellitate	15.0	潤滑劑
	Hydrogenated Castor Oil	To 100.0	潤滑劑
	Tocopherol	0.05	維他命E，抗氧化
	Fragrance	q.s.	香料
(B)	Pigments	12.0	色粉
	Polyethylene	1.5	聚乙烯，增加延展性

實驗室參考製程

1. 加熱(A)油相至80℃並混合均勻。
2. 加入(B)油相並分散均勻。
3. 倒入口紅模具中成型。

(三)口紅的評估

1. 是否易塗抹。
2. 展色均勻度，塗抹後是否會暈開。
3. 對唇部的滋潤度是否足夠。
4. 遇較高溫是否有形變。
5. 久置是否會有冒汗或粉衣現象。

課後練習

1. 用於彩妝的三大類粉劑功能爲何？
2. 一支好用的口紅需要具備哪些條件？
3. 熱門的BB霜對皮膚遮掩小瑕疵及潤色的效果很好，你認爲BB霜中有哪些主要成分可以達到這些功能？

第三篇

配方實例（實驗部分）

實驗一　保溼抗敏化妝水

一、設計原理

開發化妝水此類型的產品，成分大多是水、功能性原料（以保溼及抗敏為主）以及防腐劑。這些成分當中，防腐劑與抗敏原料常是互相衝突，產品有防腐劑才可以保存，但是防腐劑對於敏感肌膚又容易產生刺激，以下提供一些建議，來設計這個配方：

1. 首先要先排除配方所使用的原料必需不能引起敏感的問題，所以將一般常用的防腐劑拿掉，改用具有防腐功能卻不會引起敏感的原料代替防腐劑。
2. 再來是功能性原料的選擇，既然都不使用一般的防腐劑，那麼不論是選擇保溼或抗敏的原料，該原料本身就不能含有防腐劑，要如何知道所選用的原料有沒有防腐劑，可以從原料本身的物質安全資料表MSDS（MATERIAL SAFETY DATA SHEET）看出，也可從中看出該原料對皮膚及眼睛的刺激度與原料本身的微生物含量，一般原料本身的微生物含量必須是100CFU/g以下。

二、此配方的原料選擇

(一) 取代防腐劑的原料（兼具防腐與保溼）

INCI NAME：Leuconostoc/Radish Root Ferment Filtrate

商品名：**AMS Leucidal Liquid**

1. 微生物的挑戰性測試（**Challenge Test**），使用2%在霜體的產品就可有效抑制微生物的生長。
2. 保溼的人體測試：對象為24～41歲，分成有添加1%在霜體與沒有添加的霜體作測試，使用28天，塗抹於前臂，用NOVA DPM Impedance Meter機器測量。

   測試結果：使用28天後，有添加1%的該原料保溼度比沒有添加的霜體保溼度增加10%。
3. 產品的最終可接受的pH範圍：1～8，添加量：2%（當防腐劑使用時最好用此添加量，當一般保溼劑使用的添加量則為0.2～2%）。
4. 蘿蔔根萃取物（泡菜），透過挑戰性測試，成功地抑制微生物的生長，具有抗微生物的作用。同時也具備滋潤及收緊皮膚的功能。為天然成分，無刺激性及敏感性。

(二) 功能性原料保溼劑的選擇

1. 玻尿酸：選擇分子量在160～200萬之間，外觀為粉體（不可選擇已泡好成液體的，因為會已經添加防腐劑，且價格太貴，化妝水的價格不適合太高），該成分可在皮膚形成一個保溼膜，避免皮膚水分的留失，以此來增加保溼度（一般人皮膚每天都會有水分留失，通常熬夜者水分流失量容易呈現異常狀態）。
2. Panthenol：維他命B先驅物，對頭髮指甲皮膚皆有保護效果。對皮膚具深層保溼功能，可活化表皮細胞組織，助傷口癒合

（添加量需5%），抗發炎。使用量0.5～5%皆可。

3. 多元醇類的保溼劑：

INCI NAME：1,3-Propanediol

商品名：ZEMEA®

來源：並非石油來源，而是來自玉米澱粉衍生的高純度天然原料，濃度高達75%也不會造成皮膚刺激或敏感。

(三) 功能性原料抗敏劑的選擇

INCI NAME：Dipotassium Glycyrrhizinate

功能：甘草酸鉀，抗過敏成分，可抑制白三烯素（leucotriene）減少組織胺（histamine）過敏物質，使皮膚舒緩，降低敏感現象。

三、製程

保溼抗敏化妝水配方

	INCI NAME或商品名	%
1	純水	91.72
2	Leuconostoc/Radish Root Ferment Filtrate	2.0
3	1,3-Propanediol	4.0
4	Panthenol	2.0
5	Dipotassium Glycyrrhizinate	0.2
6	HA（玻尿酸）	0.08

1. 先將純水稱好。
2. 依序加入2～4項，每加入一項均需攪拌均勻。
3. 將5項加入主鍋攪拌至溶解。

4. 最後將HA加入主鍋，要一邊攪拌一邊加入，直到完全溶解。

備註：如果是在學校全班實驗的操作，可將HA先預泡成0.8%，需當天預泡當天用完，供所有人使用，若使用預泡的HA，則配方比例要改成10%，再扣除水的比例。

實驗二　美白去角質面膜

一、設計原理

開發美白去角質面膜類型的產品，成分大概是水、功能性原料（美白與去角質爲主但保溼及抗敏是不能少的）、膠體以及防腐劑。由於產品最後是充填到鋁袋中，充滿整張不織布，因此防腐相當重要，因爲精華液容易成爲不織布中微生物的營養品，防腐量低容易長菌，防腐量高容易刺激，需在這兩個之間取得適當點。

1. 去角質：將老化的角質去除，幫助皮膚的新陳代謝，要用溫和的去角質原料，如果用果酸太強，用顆粒去角質，不適合面膜產品，並且顆粒按摩容易刮傷且不能均勻在臉部每個位置，因此去角質的選擇要溫和（可用添加量來控制溫和度）。
2. 美白：法規中有許多美白成分是可以添加不必申請含藥化妝品，只要添加量在規定內，使用此類型的原料，在行銷上就可以光明正大的訴求美白。除了用此類原料外，可再添加一些有美白功能植物性來源的成分，搭配一起提升美白力。
3. 只要是面膜，保溼算是基本功能，由於面膜通常充填量都在25～30g／片，使用的原料也多，需考慮敷在臉上約15～20分鐘，所以抗敏感是不可少的，平常塗抹精華液在臉上大概也是1～2g，如果是面膜就一次約有20g以上在臉上，相對濃度變高，很容易造成臉部刺激或敏感，所以必須考慮敏感問題。

二、此配方的原料選擇

(一) 防腐劑

Methylparaben：主要是針對眞菌（黴菌或酵母菌）（法規規定濃度不能超過1%）。

Methylisothiazolinone：商品名爲Neolone 950，主要是針對革蘭氏陰性菌及陽性菌（法規規定濃度不能超過0.1%）。

(二) 功能性原料保溼劑的選擇

1. 玻尿酸：選擇分子量在160～200萬之間，該成分可在皮膚形成一個保溼膜，避免皮膚水分的留失，以此來增加保溼度。加在面膜產品中，除了增加面膜敷在臉上的貼膚性，也帶來敷完後的絲滑感。
2. 多元醇類的保溼劑：

   INCI NAME：Sorbeth-30

   除了增加保溼度外，在此配方中可以幫助防腐劑Methylparaben的溶解，因爲Methylparaben直接用熱水需到70℃才會完全溶解，與Sorbeth-30混合則只需45℃就可以全溶。

(三) 功能性原料抗敏劑的選擇

1. INCI NAME：Dipotassium Glycyrrhizinate

功能：甘草酸鉀，抗過敏成分，可抑制白三烯素（leucotriene）減少組織胺（histamine）過敏物質，使皮膚舒緩，降低敏感現象。

2. INCI NAME:Enteromorpha Compressa

商品名：Enteline 2

功能：是一支抗敏感的活性成分，控制皮膚的神經感應系統，減少敏感肌膚的不適感，有緩和、舒減的作用，可消除紅腫、減少脫皮、降低皮膚的緊繃感及刺痛感、改善粗糙、敏感及乾性皮膚。

評估皮膚的反應：

選擇十位自願者做皮膚敏感性測試，一天二次，使用含2% Enteromorpha Compressa乳液在臉上三個星期，試用者把鼻子一半塗Enteromorpha Compressa ，一半塗安慰劑，然後分別在使用前及使用後以10%的乳酸進行測試。

結論：含有2%Enteromorpha Compressa的乳液減少皮膚48%的反應

生理感應測試：

(1) 臨床評估：由十位皮膚科醫生尋找45位健康自願者，他們的皮膚非常乾燥或過敏。
(2) 平均年齡：44歲。
(3) 男性：16%；女性：84%。
(4) 使用含有2% Enteromorpha Compressa的乳液在身體上，一天一次或二次，使用二十天。
(5) Enteromorpha Compressa的臨床評估，是根據這些自願者的皮膚所做的，根據下列各項的反應，來確定使用者的反應。

   ①皮膚脫皮的情形。

   ②皮膚發紅。

   ③皮膚舒適測試。

   ④皮膚搔癢。
(6) 結論：

   ①皮膚脫皮的情形：只剩四位仍會脫皮。

②皮膚發紅：完全改善。

③皮膚舒適測試：仍有一位有不舒適感。

④皮膚搔癢：完全改善。

(四) 功能性原料去角質的選擇

INCI NAME：Retinol。

商品名：Retinol 50 C。

功能：維他命A醇，在皮膚中轉換爲維他命A酸，更新表皮細胞並使角質過程正常化，加速細胞分化，促進細胞生長，進而改善皮膚外觀，達到抗老化的效果，使用該原料會明顯改善臉部的粗糙度。

有效濃度平均值：1537500（IU/g）。

(五) 功能性原料美白的選擇

1. INCI NAME：3-O-Ethyl Ascorbic Acid

功能：維他命C乙基醚，在形成麥拉寧（黑色素）之前將其還原，使麥拉寧（黑色素）不易產生，且溶於水易操作。除了有美白效果外，也可當抗氧化劑及刺激膠原蛋白的產生以達到抗老化的效果。

化妝品法規：1～2%。低於該添加量，可以不必申請含藥化妝品。

2. INCI NAME：Sucrose Dilaurate, Pea Extract

商品名：Actiwhite LS 9808。

功能：二月桂酸蔗糖（Sucrose Dilaurate）可減低細胞酪胺酸酶活性，而豌豆萃取物（Pea Extract）未被證實任何功效。但是結合此二種成分，顯著降低酪胺酸酶的活性，證實優秀的協同作用。

亞洲人肌膚的臨床研究：26位亞洲女性自願者。

- 18～45歲。
- 手臂的側邊為黑色到深黑色的皮膚。
- 每二天隨機應用，為期12週。

第六週和第十二週測量皮膚色澤評估（色素沉著的數據）。

(1) 控制組（未經處理的區域）。

(2) 含2%對苯二酚的乳液。

(3) 含Sucrose Dilaurate、Pea Extract的乳液。

結論：

(1) 6星期治療後，Sucrose Dilaurate, Pea Extract的美白活性與對苯二酚相似，於相同條件的測試基準，沒有造成任何皮膚發炎。

(2) 2.5% Sucrose Dilaurate、Pea Extract使用於肌膚上有顯著且安定的皮膚美白明亮活性。長期使用證實效果顯著以及有最理想的適膚性。

(六) 增稠劑的選擇

面膜添加增稠劑，主要是讓精華液與不織布結合一起時，防止垂流的現象。

INCI NAME：Xanthan Gum

功能：透明三仙膠是一種高分子量的碳水化合物，在酸鹼性溶液中穩定，不受鹽類影響，具水合作用，對懸浮液具有穩定及增稠作用。

三、製程

美白去角質面膜配方

	INCI NAME或商品名	%
1	香精或精油	0.05
2	PEG-40 Hydrogenated Castor Oil	0.15
3	Retinol 50 C	0.02
4	Methylparaben	0.2
5	Sorbeth-30	4.0
6	純水	64.08
7	Methylisothiazolinone (Neolone 950)	0.1
8	Dipotassium Glycyrrhizinate	0.2
9	Enteline 2	0.4
10	3-O-Ethyl Ascorbic Acid	0.5
11	Sucrose Dilaurate, Pea Extract	0.3
12	HA (0.8%)	10
13	Xanthan Gum (2%)	20

1. 預泡部分：
   (1)將HA預泡成0.8%（水在攪拌狀態下慢慢將HA加入攪拌直到混合均勻即可）。
   (2)將Xanthan Gum預泡成2%（水在攪拌慢慢將Xanthan Gum加入攪拌直到混合均勻即可）。
   (3)將4～5項混合加熱到45℃攪拌至全溶，降回室溫備用。
2. 先將1～3項精稱混合攪拌均勻，然後將4～5項混合液加入攪拌均勻。
3. 依序加入6～13項，每加入一項均需攪拌均勻，每項均需精稱。
4. 將製作完成的精華液，充填到已折好的不織布內，每片充填量約25～26g，依照不織布的厚度做數量的調整。

備註：充填完的面膜，必須上下左右輪流放置，以便不織布與精華液可以充分混合。

課後練習參考解答

第一章

1. 美國，日本，巴西，中國大陸及德國。
2. 皮膚保養品，髮用製品，彩妝產品。
3. 我國根據《化粧品衛生安全管理法》的第三條對於化妝品的定義，指施用於人體外部以潤澤髮膚，刺激嗅覺，掩飾體臭或修飾容貌之物品稱之為化妝品。
4. 生技產品（玻尿酸、膠原蛋白、Q-10、生肽、EGF等）、天然有機的原料（中草藥萃取物、有機栽培）及奈米製程技術的奈米原料。

第二章

1. (1)基質原料（油、脂、蠟類）；(2)輔助原料（防腐劑、界面活性劑、香精等）；(3)功效性原料（防曬劑、保溼劑等）。
2. (1)離子界面活性劑（有帶正或負電荷）；(2)非離子界面活性劑（不帶電荷，但是有強負電性的原子能夠產生電荷偏極化）；(3)兩性界面活性劑（同一分子同時帶正及負電荷）。
3. 通常是以抑制酪胺酸酵素活性、抑制黑色素細胞形成麥拉寧黑色素的作用、加速皮膚新陳代謝，分解沉著黑色素。
4. 用來幫助產品於約定的時間內維持產品的品質不受微生物威脅及破壞。理想的防腐劑要對於革蘭氏陽性與陰性菌以及真菌（霉菌與酵母菌）同樣有效，一般防腐劑都對其中一種有效，另一種的效果就較差，因此都建議幾種特性的不同防腐劑搭配使用。

第三章

1. 表皮、眞皮及皮下組織。
2. 基底層、有棘層、顆粒層、透明層及角質層。
3. 有適度的吸溼能力、有持續性的吸溼力、吸溼力不易受環境條件影響、吸溼力能對皮膚以及產品本身產生保溼的效果、揮發性不能太好、與其他化妝品原料成分的共存性良好、黏度適中，觸感討好，皮膚親和力佳、盡可能無色、無臭、無味、最重要的是要安全性佳。
4. 甘油（丙三醇）、1,2-丙二醇、1,3-丁二醇、山梨醇、聚乙二醇、吡咯烷酮羧酸鈉、乳酸鈉、神經醯胺、透明質酸、幾丁質和幾丁聚糖。

第四章

1. 天生的遺傳因素，皮膚血流的顏色、皮膚的厚薄、角質層和顆粒層等皮膚組織上的差異、皮膚中胡蘿蔔素的含量、內分泌因素、紫外線照射、Vit-A缺乏、微量元素。
2. 酪氨酸被氧化型酵素酪氨酸酶氧化形成多巴，再氧化形成多巴醌，很快經由穀胱甘肽及半胱氨酸的參與形成優黑色素與脫黑色素。
3. (1)通過抑制酪氨酸酶活性或者阻斷酪氨酸生成黑色素的氧化途徑，從而減少黑色素的生成達到美白皮膚的效果。

   ①在黑色素細胞中黑色素生合成途徑的各點上，防止黑色素的生成。

   ②阻止甚至逆向黑色素的生合成，使人的皮膚美白或色素變淺。

   ③抑制酪氨酸酶活性。

   ④抑制TYRP-1及TYRP-2這兩種酶的作用。

(2)促使已生成的色素排出體外，從而減少黑色素在皮膚上的影響。

①使用一些皮膚細胞更新促進劑，如果酸、維生素等。

②色素在皮膚內被分解、溶解、吸收後，在體內經血液循環系統排出體外。

4. (1)麴酸（Kojic Acid）及麴酸衍生物（Kojic Dipalmitate）。

(2)對苯二酚（Hydroquinone）及其配醣體──熊果素（Arbutin）。

(3)左旋Vit-C及其衍生物（L-ascorbic acid and its derivatives）。

(4)果酸（a-Hydroxy acids、AHAs）。

(5)水楊酸（Salicylic Acid）。

(6)杜鵑花酸（Azelaic Acid, AZA）（壬二酸）。

(7)Vit-A及其衍生物。

(8)美白覆蓋劑。

第五章

1. UVC波長短能量比較大，因而對皮膚的傷害比較大，但由於地球表面的臭氧層會吸收，因此減低對皮膚的傷害。UVB被稱爲「曬傷光線」，照射到達皮膚表皮層，引起皮膚曬傷（sunburn），其主要作用在皮膚的表皮基底細胞層。UVA稱爲「老化光線」，其可照射到達皮膚的表皮和眞皮層，易導致皮膚立即性曬黑，造成表皮層黑色素增加。所以長期過度曝曬在UVA情況下，會破壞皮膚組織結構，使皮膚下垂而產生皺紋，造成皮膚過早老化。

2. 盡量走在樹陰下或室內、穿著反射光線的衣物、撐傘及戴帽子或是使用防曬劑。

3. 化學性防曬劑的作用是利用化學物質本身可以吸收紫外線波段的輻射線將有傷害作用的短波（高能量）的UV射線（250～340nm）轉

變成無害的較長波長（較低能量）的輻射（一般在380nm以上），來減少紫外線對皮膚的傷害。而物理性防曬劑的作用是利用一些類似礦物粒子的性質，本身呈現不透明狀塗在皮膚上，對照射到皮膚的紫外線產生折射和反射現象，來減少紫外線對皮膚的傷害。

4. SPF是對於UVB及PA是對UVA紫外線的防護能力的評估SPF值的計算方法如下：

   SPF＝已被保護皮膚的最少紅斑劑量／未經保護皮膚的最少紅斑劑量。

   PA＝有保護皮膚的MPPD／未受保護皮膚的MPPD。

第六章

1. 參表6.1。
2. 皮膚老化因素，如：遺傳、環境（紫外線照射、外生性物質——光老化、吸菸）、荷爾蒙變化及代謝過程等，這些因素累積後影響皮膚的結構、功能及外觀、血液循環差、生活的壓力、生活不規律、睡眠不足、皮膚清潔不徹底等。
3. alpha-hydroxy acids、神經醯胺、透明質酸、三～六胜肽、肉毒桿菌等。

第七章

1. 通常洗髮精界面活性劑總量較高，需要比沐浴乳更多更細的泡沫。洗髮精會添加抗靜電及頭髮潤絲成分，如陽離子成分或是矽酮。
2. (1)選擇低刺激性的界面活性劑。
   (2)界面活性劑總濃度不會太高。
   (3)添加保溼劑，避免洗後皮膚乾燥。

(4)香精的添加量下降。

3. (1)界面活性劑總濃度提高。

(2)選擇冷色系顏色。

(3)選擇清爽的香味。

4. (1)改換中和反應或是皂化反應的鹼劑。

(2)稍降低透明劑的量。

(3)選擇較長鍊的脂肪酸。

第八章

1. (1)Hydroxyethylcellulose、Xanthan Gum。

(2)Hydroxyethylcellulose。

2. (1)增加乳化劑的量。

(2)檢查是否添加了透明度不佳的原料。

3. (1)精華液多添加了水性高分子增稠劑。

(2)精華液中功能性成分的添加比例較高。

4. 乳液型精華液或是矽酮型精華液。

第九章

1. (1)增加油相的比例。

(2)添加蠟或脂肪醇類，或將比例提高。

(3)增加高分子增稠劑的添加量。

2. (1)降低油性成分的總添加量。

(2)使用較清爽的油性成分。

3. (1)大幅增加(A)相油性成分比例。

(2)由於要將乳液改爲霜劑配方，Cetyl Alcohol的量可增加，來增加硬度。

(2)添加抗老功能性成分。

4. (1)塗抹性：油包水型乳化較為厚重。

(2)防水性：油包水型較佳。

第十章

1. (1)修飾遮瑕。

(2)增加延展性。

(3)防脫妝。

2. (1)塗抹溶液。

(2)展色均勻，不暈染。

(3)滋潤度足夠。

(4)不會遇較高溫就變形。

(5)久置不冒汗或有粉衣現象。

(6)安全性高。

3. (1)遮瑕粉劑，例如二氧化鈦。

(2)色粉，調理膚色。

索　引

國家圖書館出版品預行編目資料

化妝品概論與應用／李慶國，孔皓瑩，陳麗香著. -- 二版. -- 臺北市：五南，2020.06
面；　公分
ISBN 978-986-522-035-8（平裝）

1.化粧品

466.7　　109007331

5E60

化妝品概論與應用

作　　者 — 李慶國（86.7）　孔皓瑩　陳麗香
發 行 人 — 楊榮川
總 經 理 — 楊士清
總 編 輯 — 楊秀麗
主　　編 — 王正華
責任編輯 — 金明芬
封面設計 — 王麗娟
出 版 者 — 五南圖書出版股份有限公司
地　　址：106台北市大安區和平東路二段339號4樓
電　　話：(02)2705-5066　　傳　　真：(02)2706-6100
網　　址：http://www.wunan.com.tw
電子郵件：wunan@wunan.com.tw
劃撥帳號：01068953
戶　　名：五南圖書出版股份有限公司
法律顧問　林勝安律師事務所　林勝安律師
出版日期　2012年4月初版一刷
　　　　　2020年6月二版一刷
定　　價　新臺幣240元

★ 專業實用有趣
★ 搶先書籍開箱
★ 獨家優惠好康

不定期舉辦抽
贈書活動喔！！